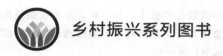 乡村振兴系列图书

三莓优质高效生产技术

张彩玲　主编

化学工业出版社
·北京·

内容简介

本书主要介绍草莓、蓝莓、树莓三大莓类的高效生产技术，共三章，主要包括其生物学特性、产业发展情况、优良品种介绍、苗木繁殖及育苗栽培技术、建园选址定植、综合管理等内容。书后附有以时间为主线的三莓栽培周年农事历。

本书可供农业种植从业者参考，并附有实际生产教学视频，读者可扫描二维码直接观看。

图书在版编目（CIP）数据

三莓优质高效生产技术/张彩玲主编.—北京：化学工业出版社，2023.8
ISBN 978-7-122-43426-5

Ⅰ.①三… Ⅱ.①张… Ⅲ.①草莓-果树园艺②浆果类-果树园艺③树莓-果树园艺 Ⅳ.①S668.4②S663.2

中国国家版本馆CIP数据核字（2023）第080270号

责任编辑：张雨璐 迟 蕾 李植峰　　　文字编辑：林 丹 张瑞霞
责任校对：边 涛　　　　　　　　　　装帧设计：韩 飞

出版发行：化学工业出版社（北京市东城区青年湖南街13号 邮政编码100011）
印　　装：北京科印技术咨询服务有限公司数码印刷分部
710mm×1000mm 1/16 印张11¾ 字数200千字 2024年5月北京第1版第1次印刷

购书咨询：010-64518888　　　　售后服务：010-64518899
网　　址：http://www.cip.com.cn

凡购买本书，如有缺损质量问题，本社销售中心负责调换。

定　　价：36.00元

《三莓优质高效生产技术》

编审人员

主 编	张彩玲	黑龙江农业经济职业学院
副 主 编	鲁绪才	黑龙江农业经济职业学院
	肖子恒	黑龙江农业经济职业学院
参编人员	李清斌	浙江省慈溪市气象局
	赵文琦	黑龙江省林口县果树研究所
	肖丽媛	黑龙江省哈尔滨市东风小学校
	郭 昊	黑龙江省哈尔滨市东风小学校
主 审	邢立伟	黑龙江农业经济职业学院

前 言

21世纪以来，新兴的小浆果产业已经逐渐成为我国最具发展潜力的新型果树产业之一，草莓、蓝莓、树莓在全世界范围栽培面积逐年上升。草莓、蓝莓、树莓是水果界的三大"莓"，在全球浆果类水果生产中，草莓的栽培面积和产量仅次于葡萄，为世界性水果，深受国内外消费者的喜爱。随着我国人民生活水平的提高，人们对保健果品的需求量逐渐上升，适合高寒地区种植的果树品种比较单一，而草莓、蓝莓、树莓这三种果树在高寒地区适合种植，具有较大的区域种植面积，能产生较大的经济效益和社会效益。

本书有草莓优质高效生产技术、蓝莓优质高效生产技术、树莓优质高效生产技术共三章，主要从生物学特性、优良品种、苗木繁殖、建园技术、综合管理等相关内容进行介绍。其中第一章第一至四节、第三章第一节和附录1由鲁绪才（黑龙江农业经济职业学院）编写，第一章第五节、第二章、第三章第三节和附录2由张彩玲（黑龙江农业经济职业学院）编写，第三章第五节和附录3由肖子恒（黑龙江农业经济职业学院）编写，第三章第二节由赵文琦（黑龙江省林口县果树研究所）编写，第三章第四节由李清斌（浙江省慈溪市气象局）编写。书中插图由肖丽媛、郭昊（黑龙江省哈尔滨市东风小学校）共同绘制。全书由张彩玲统稿，邢立伟（黑龙江农业经济职业学院）审稿。

本书力求实用，通俗易懂，从草莓、蓝莓、树莓品种的选择、生产技术等方面为广大种植、加工人员及栽培技术研究与推广方面的科技人员提供参考。由于水平有限，在编写过程中难免出现纰漏或不当之处，敬请广大读者指正，以便能进一步完善。

编 者

目 录

第一章
草莓优质高效生产技术

第一节　走进草莓生产

一、草莓的生物学特性

（一）营养

草莓高效生产
讲解视频集

草莓是我国最常见的水果之一，园艺学上将其归为浆果类，世界栽培面积位居小浆果首位。草莓植株矮小，一般株高 20～30 厘米，呈半平卧丛状生长。我国的草莓主产区包括辽宁丹东、安徽长丰、山东烟台、河北保定、四川双流等地。

草莓的营养价值十分丰富，据测定，每 100 克草莓果肉中含糖 8～9 克、蛋白质 0.4～0.6 克，维生素 C 50～100 毫克，这些数值比苹果、葡萄高 7～10 倍。柠檬酸、苹果酸、维生素 B_1、维生素 B_{12}，以及胡萝卜素、钙、磷、铁的含量也比苹果、梨、葡萄高 3～4 倍。草莓富含氨基酸、果糖、蔗糖、葡萄糖、柠檬酸、苹果酸、果胶、胡萝卜素、烟酸等，这些营养素对生长发育有很好的促进作用，对老人、儿童大有裨益。

（二）生长阶段

1. 开始生长期

在春季地温稳定在 2～5 摄氏度时，草莓根系便开始生长，比地上部生长早 7～10 天，此时的根系生长主要是上年秋季长出的根系延伸。根系生长 7 天左右之后茎顶端开始萌芽，先抽出新茎，随后陆续出现新叶，上年的老叶则逐渐枯死。

我国领土南北跨度大，地形地貌丰富多样，各地气候差异性大，因此草莓茎、叶生长开始的时期在不同地区都不一样，黑龙江省为4月下旬，辽宁沈阳地区则为3月下旬，山东、河北、北京、天津等地区为3月上旬，江苏南京等地区为2月下旬。

2. 开花和结果期

草莓地上部分生长1个月后会出现花蕾。当草莓新茎长出3片叶，第4片叶未全长出时，花序开始出现。接着花序的发育，第一级序花先开，接着第二、三级序花依次开放。

草莓花蕾显露到第一朵花开放需15天左右，由开花到果实成熟又需1个月左右。草莓花期长短因品种和环境条件而异，一般持续20天左右。在同一花序上有时甚至第一朵花所结的果已成熟，而最末级的花还正在开，因此草莓的开花期与结果期难以分开。

草莓在开花期，根停止延长生长，并且逐渐变黄，在根茎的基部萌发出不定根。到开花盛期，叶片及叶面积快速增加，光合作用加强。在草莓果实成熟前10天，体积和重量的增加达到高峰，此时叶片制造的营养物质几乎全部供给果实。

一般同一品种南方开花早，成熟也早；北方开花晚，成熟也晚，就露地栽培的草莓而言，江苏地区5月上中旬成熟，北京、山东、河北保定地区5月中下旬成熟，黑龙江地区到7月上旬才成熟。

3. 旺盛生长期

草莓果实采收后，植株进入旺盛生长期，先在腋芽大量发生匍匐茎，新茎分枝加速生长，新茎基部发生不定根，形成新的根系。匍匐茎和新茎的大量发生形成新的幼株。这一时期是草莓全年营养生长的第二高峰期，可延续到秋末。

旺盛生长期是草莓匍匐茎苗和新茎分株苗大量繁殖的重要时期，对以育苗为目的的草莓田而言，应加强管理，促进营养生长和大量匍匐茎苗的产生。

4. 花芽分化期

草莓经过旺盛生长期之后，在外界低温（15～20摄氏度）和短日照的条件下开始花芽分化。花芽分化的开始标志着植株从营养生长转向生殖生长。

一般草莓品种在8～9月份或更晚才开始花芽分化。秋末分化的花芽，在第二年4～6月开始结果。草莓花芽分化一般在11月结束，也有些侧花及侧芽分枝的花芽当年分化未完成，到第二年春季继续进行。草莓在秋季花芽形成后随着气温下降，叶片制造的营养物质开始转移到茎和根中积累，为下一年春季生长储备营养。

5. 休眠期

草莓花芽形成后，由于气温逐渐降低，日照缩短，会逐渐进入休眠期，外观上表现为叶柄变短，叶面积变小，叶片伸展角度由原来的直立、斜生，发展到与地面平行，呈匍匐生长，整个植株矮化呈莲座状，生长极其缓慢。草莓休眠的程度因地区和品种不同而不同，寒冷地区的品种休眠程度深，温暖地区的品种休眠程度浅。

草莓休眠主要受外界条件影响，主要是低温和短日照，其中日照的时间长短影响最大，生产上可采取人为措施，打破草莓休眠，进行草莓促生长。高纬度地区冬季来临早，开始休眠早，解除休眠早；低纬度地区冬季来临晚，开始休眠晚，解除休眠也晚。

二、草莓产业发展概况与前景

根据全球领先市场分析公司 IndexBox 平台 2018 年发布的行业报告，中国已经成为草莓生产行业和销售市场大国，不管是消费量还是生产量都稳居世界首位。根据此报告预估，草莓的全球消费量在 2025 年将达到 1150 万吨的规模。由于种植面积的扩大速度高于产量的增长速度，近年来，中国草莓单位面积产量有轻微下滑（但仍高于 25 吨/公顷），其中原因之一是高质量高价格的无公害草莓产品需求量在逐步增加，使得生产方偏向减少农药的使用，来获取更高的产品质量以寻求更高的价格来填补减少产量所带来的损失。

（一）我国草莓产业概况

目前我国草莓产品主要分为三种，新鲜草莓、冷冻草莓、草莓干，市场消费量最大的是新鲜草莓，根据中国园艺协会草莓分会统计，新鲜草莓在零售市场的销售量占总量的 85％，而冷冻草莓和草莓干主要用于二次加工，制成果冻、果酱、糖果和调味乳制品等，占总量的 15％。

国家统计局的数据显示，至 2021 年，我国已拥有草莓播种面积 139.97 千公顷。我国草莓的生产规模位居世界第一，占全球草莓总产量的三分之一以上，2011～2020 年我国草莓产量整体增长，产量从 200.9 万吨增长至 344.9 万吨，2011～2020 年复合增长率为 6.2％，到 2021 年草莓产量达到 368.25 万吨。

从单位面积产量来看，2021 年我国草莓单位面积产量达到 26309 公斤/

公顷。

从草莓播种面积占全球比例来看，2021年中国种植面积占比31.94%。

从我国草莓产量区域分布来看，东部地区草莓产量占比50.7%，中部地区草莓产量占比22.8%，西部地区草莓产量占比12.8%，东北地区草莓产量占比13.6%。

近年来我国草莓需求量增长迅速，越来越多的消费者开始喜爱和追求营养价值高的水果，据统计，截至2020年我国草莓表观需求量为344.3万吨，同比增长5.23%。

与此同时，在草莓需求不断增长的趋势下，我国草莓种植业相关企业数量也在不断增多，注册量逐年攀升。

从省份分布来看，我国草莓种植主要集中在安徽、山东、江苏等省份，其中安徽企业数量最高，达到4493家，其次为山东省，草莓种植相关企业数量达到4068家。

根据草莓园的单位产量情况，将其分为三挡，第一挡单位产量低于种植园平均水平，也就是单位产量低于21吨/公顷；第二挡单位产量高于种植园平均水平但低于全国平均水平，也就是21～25吨/公顷；第三挡单位产量高于全国平均水平，也就是高于25吨/公顷。单位产量高的省份主要集中在中北部，也基本是草莓生产大省。2018年，山东和江苏的产量超过50万吨，占2018年中国草莓总产量的1/3。海南虽种植面积少，产量少，但其单位产量高，而四川虽是草莓生产大省，但其种植园单位产量却未到全国种植园单位产量平均水平。

随着人民生活水平和消费能力的不断提高，除了传统生产基地模式，种植园、采摘园等新生产模式也在逐渐发展，草莓采摘的发展不仅能增加草莓的销量，还能带动周边产业的发展，增加种植户的收入。同时，消费者亲身了解草莓的种植，亲自体验采摘，也能让消费者对草莓的质量有直接判断，推动整个种植区域生态链的良性发展。

中国虽然是草莓主产国，但大部分产量被国内巨大的需求消化，进出口规模较小，且多以冷冻草莓、草莓干为主。中国产冷冻草莓的出口量出现由增到减的趋势，在2016年后出现下降，但出口金额却出现与产量增减趋势不同的波动，如果从均价（美元/千克）看，2016年也是转折点，总体呈现U形，而在2018年出口量大幅减少的情况下，出口金额的减幅较小，均价回升。

中国每年进口冷冻草莓的总量和金额都再创新高，从2014年的713.1万千克，到2018年的1435.1万千克，进口规模增长了101%，平均年增长率

25.25%，虽然总体规模依然不大，但进口冷冻草莓的均价仍高于出口冷冻草莓均价30%左右。国外进口的冷冻草莓在国内主要用于加工副产品，国内消费者主要食用的还是国产的新鲜草莓，所以国外进口的冷冻草莓和国内产的新鲜草莓是不构成竞争关系的。

（二）草莓产业发展前景展望

国内供给层面，未来国内草莓生产还有很大的提升空间。一方面，随着草莓品种的改良，繁育方式、栽培及管理技术的逐步升级，国内草莓单产水平会有明显的提升，草莓生产现代化程度也将逐步提高。目前，北京市昌平区农业服务中心在与西班牙农业技术基金会合作下，引进西班牙先进生产技术，建立计算机控制水肥的草莓种苗生产试验点，成为我国采用现代技术生产种苗的示范。

另一方面，随着主产区种植规划趋向合理及有效资源进一步整合，草莓生产的规模效益将更加明显。目前，安徽长丰地区草莓保护地栽培面积已增长至0.8万公顷，成为我国最大的设施栽培无公害草莓生产基地。

国内需求层面，未来国内消费仍将保持继续增长趋势。在预期未来社会经济持续稳定发展的背景下，考虑人口增长、人均收入增长及城镇化进程加快等因素，国内草莓消费总量将继续增长，尤其是高端礼品的市场仍有很大发展潜力。总体上看，市场仍将保持供不应求的趋势。

随着中国草莓产出潜力的不断挖掘，除继续满足国内消费所需、拓展草莓加工业发展空间以外，积极开拓国际市场，实现鲜果草莓大幅度出口是今后草莓产业发展的必然方向，未来，邻近我国的南亚和东南亚国家均可成为草莓出口目标国。当前稳定并逐步扩大冷冻草莓出口市场的同时，应争取在世界鲜果草莓市场中占据更大的市场份额。

三、草莓的经济效益

草莓在栽培上为了获得高产优质的品质，最好一年一更新种苗。在黑龙江，冷棚种植一般8～9月份定植，第二年5月份上市，若暖棚种植，可以提前到春节期间上市，鲜果的销售期长达半年时间。销售季节正值冬春季节，种植草莓经济收益相对来说比较高。

种植草莓每亩大约需要5000元成本，其中种苗费约1500元，生产资料费用约2000元，人工管理费用1500元左右。草莓亩均产量约为2000千克，若批发价格按12元/千克计算，产值为2.4万元，减去成本投入纯利润约为1.9

万元。反季节栽培批发价格为 30～40 元/千克，成本投入每亩约为 20000 元，亩纯利润为 4 万～6 万元，做鲜食采摘价格为 40～100 元/千克，纯利润为 6 万～18 万元。草莓生长期短，不影响下茬作物的生长，草莓采摘后除留足种苗地外，还可种植其他作物。

第二节　草莓的类型和优良品种

一、草莓的类型

草莓主要分布于亚洲、欧洲和美洲，共约 50 个品种，我国约有 7 个品种，有经济价值的种类有如下几个。

（一）野生草莓二倍体品种

野生草莓二倍体品种在亚洲、欧洲均有分布。叶面光滑，背面有纤细茸毛，花序高于叶面，花梗小，花小，白色，果小，圆形到长圆锥形，红色或浅红色。瘦果，突出果面。四季草莓属于这一类的一个变种。

（二）蛇莓

蛇莓又叫麝香草莓，主要分布于欧洲。植株较大，叶大，淡绿色，表面具稀疏茸毛和明显皱褶。花大，花序显著高于叶面，雌雄异株。果较小，长圆锥形，深紫红色，肉厚松软，有麝香味。

（三）东方草莓

东方草莓原产我国、朝鲜及西伯利亚东部地区。花两性，花序与叶面等长或稍高，果圆锥形，红色，抗寒性极强。

（四）西美草莓

西美草莓原产于美洲，较为抗寒。叶大，叶面深绿色，叶背浅灰蓝色。花大，花托与花瓣等长，花序与叶面等高，果扁圆形，红色，瘦果凹入果面。

（五）智利草莓

智利草莓原产南美洲，为栽培品种的主要亲本之一。叶片厚，有韧性，叶脉硬，浓绿，有光泽。雌雄异株，极少两性花。花大，果大，浅红色或红褐色，香味少，果肉白而硬，种子微陷果面，植株耐旱不耐热。

（六）深红草莓

深红草莓分布于北美洲，为栽培品种的主要亲本之一。叶大而软，叶背具丝状茸毛，花序与叶面等高，花白色。果扁圆形，深红色，瘦果凹入果面。

（七）大果草莓

大果草莓又名凤梨草莓，原产美洲，是一种园艺杂种，有人认为亲本系深红草莓和大果草莓。目前栽培的品种大多数源于该种或该种及其杂交种的变种。

二、草莓的优良品种

（一）日本品种

1. 章姬

彩图：日本草莓优良品种

章姬（图 1-1）是日本静冈县农民育种家章弘以"久能早生"与"女峰"杂交育成的早熟品种，1992 年注册，现为日本主栽品种之一，1996 年由辽宁省东港市草莓研究所引入我国。植株长势强，株型开张，繁殖系数中等，中抗炭疽病和白粉病，丰产性好。果实长圆锥形。个大畸形少，可溶性固形物含量为 9%～14%，味浓甜、芳香，果色艳丽美观，柔软多汁，一级序果平均 40 克，最大时重 130 克，亩产 2 吨以上，休眠期浅，适宜礼品草莓和近距运销温室栽培。亩定植为 8000～9000 株。

图 1-1　章姬

图 1-2　红颜

2. 红颜

红颜（图 1-2）是日本静冈县以"章姬"和"幸香"杂交育成的优质早熟大果型品种，该品种 2001 年引入我国，经三年选育试种，表现优良，生长旺盛，果大，品质优，丰产性好，是理想的鲜食兼加工型品种，深受消费者喜爱，多做采摘和高档礼品盒。耐低温不抗高温，果实硬度中等，不耐贮运。一级序果平均单果重 40 克，最大单果重 130 克。在冬季低温条件下早期分茎连续结果性好，一般亩产量为 1750～2000 千克。不抗白粉病，对炭疽病、灰霉病敏感，易发生炭疽病和叶斑病，夏季育苗困难，苗源紧张，适于保护地各种形式栽培，是目前我国生产上栽培最为广泛的品种。

3. 枥乙女

枥乙女（图 1-3）由日本枥木县农业试验场育成，亲本为"久留米 49 号"杂交"枥峰"，1996 年注册，1998 年引入我国。植株旺盛，叶浓绿，叶片肥厚，较抗白粉病，花量大小中等。果实圆锥形，鲜红色。肉质淡红空心少，味香甜，可溶性固形物含量为 9%～11%，果个较均匀，硬度好，耐贮运。第一级果重 30～40 克，亩产 2 吨左右。休眠期浅，适宜温室生产，亩定植 9000 株。

图 1-3　枥乙女　　　　　　　　　　　　图 1-4　鬼怒甘

4. 鬼怒甘

鬼怒甘（图 1-4）为日本枥木县宇都宫市选育的早熟品种，1992 年品种登记，1996 年引入我国。果实圆锥形，橙红色，种子凹陷于果面，果肉淡红，口感香甜，有芳香味，可溶性固形物含量为 9%～10%，硬度中等，抗病能力中等。一级序果平均重 35 克左右，最大 70 多克，亩产 2 吨左右。休眠期浅，适宜温室栽植，亩定植 8000～9000 株，应增施农家肥满足其喜肥需求。

5. 幸香

幸香（图 1-5）为中早熟品种，由"丰香"和"爱莓"杂交育成，1999 年引入我国。果实圆锥形，果形整齐，中大均匀，有光泽，外形美观，果色鲜红，味香甜，硬度大。一级序果平均单果质量 20 克，最大单果质量 30 克，亩产 2 吨左右。果实硬度大，耐贮运。丰产性强，易感染白粉病和叶斑病，适宜温室栽植，亩定植 9000～11000 株，注意防治白粉病。

图 1-5 幸香   图 1-6 丽红

6. 丽红

丽红（图 1-6）由日本千叶县农业试验场育成，1976 年命名发表，我国于 1983 年引入。植株生长势强，直立，匍匐茎发生能力较强。果实圆锥形，平均单果重 15～18 克，最大果重 30 克，亩产 1.5 吨以上。果面浓红色，光泽度好，种子分布均匀，微凹入果面，甜酸适中，硬度较大，含可溶性固形物约 8.6%。休眠期中等偏浅，适宜温室或早春大棚促成或半促成栽培。亩栽植 8000～9000 株，注意防治蚜虫。

7. 女峰

女峰（图 1-7）为日本中早熟品种，植株直立，生长势强，匍匐茎分生能力强，叶片大而浓绿，休眠浅。果实圆锥形，鲜红色，果肉淡红色，酸甜适口，有香味，果形整齐，果面有光泽，种子平于果面。一级序果平均重 20 克，最大果重 30 克左右。硬度大，较耐贮运，为优良鲜食品种。适宜温室栽植，亩定植 8000～9000 株，注意防治螨类虫害。

8. 宝交早生

宝交早生（图 1-8）为露地栽培和保护地栽培用优良品种，由日本引入我国。该品种生长势强，植株直立，分枝力较强，匍匐茎分枝力强。果实圆锥形，鲜红亮丽，果面平整有光泽，平均单果重 17.5 克，最大 33.0 克，硬度中等。果肉黄色，完全熟后为红色，髓心空，肉质细软，果汁多，酸甜适度，有香味，含可溶性固形物约 10%，为鲜食极佳品种。该品种对土壤适应性较强，抗病力中等，丰产，平均株产 293.8 克，最高株产 390.0 克，亩产可达 2 吨以上。适宜温室和早春大棚栽植，亩定植 8000～9000 株。

图 1-7　女峰　　　　　　　　　　　　　　　图 1-8　宝交早生

9. 红珍珠

红珍珠（图 1-9）1999 年引入我国。植株长势旺，株态开张，叶片肥大直立，匍匐茎抽生能力强，耐高温，抗病性中等，花序枝梗较粗，低于叶面。果实圆锥形，艳红亮丽，种子略凹于果面，味香甜，可溶性固形物含量为 8%～9%，果肉淡黄色，汁浓，较软，是鲜果上市上乘品种，亩产 2 吨左右。休眠浅，适宜温室反季节栽培，亩栽植 8000～9000 株，注意预防白粉病。

10. 佐贺清香

佐贺清香（图 1-10）1991 年由日本佐贺县农业试验研究中心选育，果实大，一级序果平均单果重 35 克，最大单果重达 59 克。果实圆锥形，果面鲜红色，有光泽，美观漂亮，畸形果和沟棱果少。温室栽培连续结果能力强，采收时间集中。果实甜酸适口，香味较浓，质优。冬季温室栽培矮化程度轻。抗草莓白粉病能力明显强于丰香，抗草莓疫苗、草莓炭疽病能力与丰香相当，抗矮化能力优于丰香。平均每亩产 2300 千克，比丰香高 11%。适于日光温室栽培，一般 12 月中旬开始采收，采收可持续到第二年 4～5 月。由于该品种花芽形成时间较早和休眠期较短，扣棚加温时间可适当提早，时间为 10 月上中旬。

图 1-9 红珍珠

图 1-10 佐贺清香

（二）中国品种

1. 红实美

红实美（图 1-11）1998 年由辽宁省丹东市东港市草莓研究所杂交选育，2005 年 1 月经辽宁省农作物品种审定委员会审定命名。果个大而亮丽，花梗粗壮，低于叶面，花瓣、花萼肥大，果实长圆锥形，色泽鲜红，口味香甜，果肉淡红多汁，一级序果平均 45 克，最大果重超 100 克，单株平均产量 400～500 克，最高产单株达 1500 克。休眠浅、早熟，适宜温室反季节栽培，亩栽植 8000～9000 株，极抗白粉病，抗螨类虫害，温室生产推广潜力大。

彩图：中国草莓优良品种

图 1-11 红实美

图 1-12 明晶

2. 明晶

明晶（图 1-12）是由沈阳农业大学从美国品种"日出"自然杂交实生苗中选出的早中熟品种。明晶草莓株型较直立，分枝较少。果实大、近圆形、整齐。一级序果平均重 27.2 克，最大果重 43 克。果面红色、平整、光泽好，果实硬度较好，果肉红色、致密、髓心小。风味酸甜，含可溶性固形物约 8.3%，品质上等。越冬性、抗晚霜和抗寒能力强。种植地区适应性广，在北方栽培，露地或保护地均适宜。一般每亩栽植密度在 1 万～1.2 万株，单株平均产量 125.4 克，平均亩产 1100 千克。

3. 硕丰

硕丰（图 1-13）由江苏省农业科学院园艺研究所从美国引进的"MDUS * MDU4493"杂交后代中培育而成，1989 年通过鉴定。硕丰草莓果实短圆锥形，平均单果重 15～20 克；果面平整，橙红色，有光泽；果肉红色，质细韧，果心无空，风味偏酸，味浓；该品种果实硬度大，极耐贮运，在常温下塑料小盒中保存 3～4 天不变质。丰产性能好，且小果少，耐高温及抗寒能力均强。休眠深，为晚熟、丰产、多抗的优良草莓品种。

图 1-13　硕丰

图 1-14　星都二号

4. 星都二号

星都二号（图 1-14）为北京市农林科学院林业果树研究所 1990 年以"All star（全明星）"为母本，"丰香"为父本杂交培育而成的新品种，2000 年通过北京市农作物品种审定委员会审定。果实发育期为 25～30 天，一级序果平均果重 27 克，最大果重 59 克；每亩产量 1500～1800 千克，可用于保护地栽培。果肉深红色，适合鲜食和加工。星都二号草莓为早熟、大果、丰产、果实硬度高、耐贮运的品种。

（三）欧美品种

1. 甜查理

甜查理（图1-15）为美国早熟品种，休眠期浅、丰产、抗逆性强、大果型，最大果重60克以上，平均果重25～28克，亩总产量高达2800～3000千克，反季节栽培年前产量可达1200～1300千克，果实商品率为90%～95%，鲜果含糖量8.5%～9.5%，品质稳定，且育苗、栽培管理容易，不足之处是果肉密度稍小，注意适时采收。

彩图：欧美草莓
优良品种

2. 杜克拉

杜克拉（图1-16）为西班牙中早熟品种，植株旺健，抗病力强，叶片较大，色鲜绿，繁殖力高。可多次抽生花序，在日光温室中可以从11月下旬陆续多次开花结果至第二年7月份。果实为长圆锥形或长平楔形，颜色深红亮泽，味酸甜，硬度好，耐贮运，果大，产量高。第一级花序单果重42克左右，最大果重可超过100克。亩产2吨以上，辽宁省东港市日光温室高产典型亩产曾达6吨多，适宜温室栽培，亩定植9000～11000株。

图1-15　甜查理

图1-16　杜克拉

3. 卡尔特1号

卡尔特1号（图1-17）为西班牙中熟草莓品种。植株大，生长势强，株型开展。抽生匍匐茎能力较弱，但成苗率高。果实大，为圆球形或短圆锥形。果肉粉红色，甜酸适度，香味浓。第一级序果平均单重32克，最大重78克。一般每亩产量为2000～2500千克，最高可达3500千克。打破休眠需5摄氏度以下低温500～600小时。该品种适宜露地或大棚半促成栽培，也适宜延后栽培，亩栽植 9000 株。

图 1-17　卡尔特 1 号

图 1-18　哈尼

4. 哈尼

哈尼（图 1-18）为美国早熟品种。株型半开张，株高中等紧凑，叶色浓绿，匍匐茎发生早，繁殖力高，适应性强。一级序果成熟期集中，果个中大均匀，果实圆锥形，果色紫红，肉质鲜红，味酸甜适中，硬度较好，耐贮运。亩产 2 吨左右，适宜各种栽培形式，是深加工和速冻出口极佳品种。亩栽植11000 株。

第三节　草莓的繁殖及育苗技术

一、草莓繁殖的方法

草莓繁殖有四种方法：匍匐茎繁殖、新茎分株繁殖、组织培养繁殖和种子繁殖。

（一）匍匐茎繁殖法

草莓的茎有新茎、根状茎和匍匐茎三种。

① 新茎：当年萌生长有叶片的短缩茎，有明显的弓背，定植时可以根据这一特性确定定植方向。新茎着生于不定根上，一年生草莓可产生 1～3 个，其上密生叶片，着生叶片的地方为节，节间极短，新茎基部产生不定根。新茎顶芽到秋季可形成混合花芽，成为草莓的第一花序。

② 根状茎：草莓新茎经过一年生长，叶片全部枯死脱落形成外形似根的短缩茎。根状茎具有节和年轮，具有贮藏养分的功能。两年生根状茎基部产生大量不定根，第三年逐渐老化死亡。

③ 匍匐茎：由短缩茎的腋芽形成的匍匐于地面生长的地上茎（图1-19），又称走茎或蔓。匍匐茎的主要作用是作为草莓营养繁殖的器官，刚发生时，直立生长，当高度超过叶面时匍匐地面生长。匍匐茎上的第一节腋芽处于休眠期，第二节生长点分化成叶原基萌发，在第三片叶显露之前开始形成不定根扎入土壤，最终发育成草莓苗。匍匐茎上的偶数节可以发育成幼苗，一条匍匐茎可繁殖3～5株草莓苗。

图1-19　草莓匍匐茎

匍匐茎从坐果期开始发生，结果后期大量发生。因此，在鲜果生产中，要定期清理棚内匍匐茎。繁育草莓秧苗时，一般露地育苗在5月份开始留匍匐茎。根据草莓品种和种植区域的差异，匍匐茎的抽生能力也会有所不同。影响匍匐茎抽生的因素有品种、日照时数、温度、低温时数、肥水条件、栽培形式等。理论上一株草莓种苗可以繁育30～50株草莓子苗。

（二）新茎分株繁殖法

草莓腋芽除抽生匍匐茎外，也可以形成新茎分枝，并在基部发出不定根。利用这一特性，在适当的时候，从母株上将新形成的新茎分枝连同根一起瓣下，即可得到一株完整的子苗，这种繁殖方法称为新茎分株繁殖法。此法只在匍匐茎抽生能力极弱而新茎分枝能力强的品种繁殖时采用。

母株分株法操作简便，但繁殖系数低。一般 3 年生母株每年只能分出 8～14 株可定植的新茎苗。用新茎分株法得到的子苗根系较少，而且子苗根茎上有较大伤口，缓苗慢，也容易感染土传病害。所以，新茎分株繁殖法在生产上很少采用。

（三）组织培养繁殖法

组织培养繁殖法是利用细胞的全能性，切取草莓植株的一定组织或器官，在无菌的条件下进行离体培养，以获得完整植株的方法。现在，组织培养繁殖法已广泛应用于草莓种质资源的保护、优良品种的扩繁和脱毒原种苗的培育。组织培养繁殖草莓主要是利用茎尖进行离体培养，主要方法为：首先要进行培养基的配制，草莓可用 MS 培养基，附加 6-BA（6-苄氨基腺嘌呤）0.5～1.0 毫克/升，MS 培养基营养比较全面，它含有草莓生长所需要的大量元素氮、磷、钾，也有微量元素锌、铜、铁、钼等，还含有对生长发育起促进作用和调节作用的有机物质等。在这些营养成分中加入琼脂使其凝固配制成培养基，配制好的培养基要做好标记放入高压蒸汽灭菌锅中进行灭菌。其次是进行无菌体系的建立。接种的材料宜采用匍匐茎的茎尖生长点，匍匐茎生长要健壮，无病虫害，在无菌条件下进行匍匐茎的消毒，在解剖镜下进行剥离茎尖，接种到事先配制好的培养基上，以脱毒为目的茎尖以 0.2 毫米左右为宜，然后进行培养。将接种好的草莓茎尖放到培养室进行培养，温度保持在 22～25 摄氏度，光照时间为每天 18 小时，光照强度为 3000 勒克斯，经 4～8 周后，可直接分化成丛生芽。将上述分化好的丛生芽移入新鲜培养基中进行继代扩繁，等繁殖的数量够以后要进行生根培养。生根培养一般去除培养基中的 6-BA，添加 NAA（α-萘乙酸）（0.5～1 毫克/升），再加入活性炭 0.5 克/升，一般无根苗在生根培养基中生长 1 个月左右，当根长到 2 厘米左右，即可离开培养室进行移植，移植到温室土壤中。温室温度以 20～22 摄氏度为宜，保持土壤充分湿润，成活率可达 95% 以上。2 个月后就可移至室外田间栽培，方法与常规生产相同。

（四）种子繁殖法

种子繁殖法是采收成熟的草莓种子并播种后形成秧苗的繁殖方法。种子繁殖具有较大的变异概率，不能保持种子原有的优良特性，因此仅用于杂交育种，不能用于生产。

　　这种方法是在 5 月到 6 月份从收获后的果实中精选完全成熟和发育良好的个体，用刀片将果皮连同种子一起削下，放入水中，洗去浆液，滤出种子，阴干，并放置冷凉通风处保存。播种可在 7～8 月进行，也可在翌春进行。播种前先备好瓦盆，填入细碎营养土，压平。

　　草莓种子的发芽势可在室温下保持 2～3 年。种子没有明显的休眠期，可以随时播种。但是，如果种子在播种前层积处理 1～2 个月，则可以提高发芽率和发芽势。也可将种子放入纱布袋中 24 小时，然后在冰箱中 0～3 摄氏度的低温下处理 15～20 天，取出播种。由于草莓种子很小，最好使用播种盘或瓦盆播种，如在苗床上播种土壤要平整细碎，多施腐熟厩肥。

　　播前先浇透水，然后在土面上均匀撒播，其上覆 0.2～0.3 厘米厚的细土，再覆盖塑料薄膜以保持湿度。如盆土干燥，可用喷壶浇水，也可将瓦盆或播种盘放在水槽中浸水。播后约 2 周即可出苗，幼苗长出 12 片真叶时分苗，分苗可用营养钵，每钵栽 1 株，待苗长到 4～5 片复叶时，即可带土移栽到大田或繁殖圃进一步培育。一般春季播种秋季定植大田，秋播第二年春季才能定植。

二、育苗选址要点

（一）排灌通畅、通风良好

　　草莓根系虽有一定的耐淹水能力，但是低洼地块通风不良，排水不畅，土壤湿度和空气湿度都会更长时间维持在较高水平。在持续的高湿环境下，很容易诱发草莓炭疽病、根腐病等病害，加大病害的防治难度，提高栽培成本并降低草莓果实的安全健康品质。

　　草莓属于典型的含水量较高的浆果，在高湿环境下，叶片上的结露下落，或者地下水分蒸腾并在果实表面形成聚集，就会使果实表面湿润，很容易因为吸水过量造成果实表面的果肉细胞破裂，细胞液外溢后就会成为病菌滋生的温床，这是低洼地草莓果实在即将成熟的时候很容易腐烂并产生霉层的原因。因此，在草莓园选址的时候，要避开地势低洼的地块，选择地势高燥、排水通畅、通风良好的地块，这是确保草莓栽培实现丰产和优质的重要基础。

（二）采光好

　　草莓本身耐弱光，对光照强度的要求远低于西瓜，也低于番茄和黄瓜，基本上跟芹菜处于同一水平。但是草莓要形成良好的产量和甜美的风味品质，充足的光照不可或缺，在寡照弱光环境中，草莓的光合作用能力下降，果实发育所需的有机物供应能力难以保障，产量和品质也就难以达到最佳。这也是冬季反季节栽培的草莓，以及在果实转色期遇到连阴雨的草莓口感会偏淡的原因。因此，在草莓园的选择上，要选择光照充足的地块，对北方反季节栽培来说，则要配备补光灯来延长光照时间、提高光照强度，以确保产量和品质水平。

（三）交通便利

对莓农来说，收益最好的栽培方式是做鲜食采摘，但是作为含水量高的水果，草莓的耐磕碰性和耐贮性都较差，运输半径较小，货架寿命较短。对专业栽培草莓的种植户来说，采摘下来的草莓能便捷快速地运输到销售市场，采摘的游客能便利地抵达草莓园进行采摘，是将丰收的草莓转变为现实收益的关键一环，如果交通不便，会大大影响莓农的产品转化为收益的能力。

因此，对商品栽培的莓农来说，在草莓园的选址上，要充分考虑到交通的便捷性，地处偏远，车辆进出不方便的地块，不适于栽培草莓。效益较高的草莓园，往往不仅交通便捷，而且距离城市等消费市场较近或毗邻人流量较大的景区。

（四）远离污染区

随着消费者食品安全意识的提高，对水果品质的要求，除了口感风味以外，对安全健康品质越来越重视。草莓即食性强，从植株上刚采下来的时候口感最为鲜美，而且在食用之前也不宜用水洗，过水后的草莓，其本身独特的香味会变淡，草莓不同于苹果、葡萄等水果可以去皮食用，因此对草莓生产者来说，确保栽培环境空气质量是确保草莓安全品质的重要条件。

另一种会对草莓安全品质造成不良影响的因素就是栽培地的灌溉水源，如果栽培地水源毗邻化工厂、造纸厂等污水排放区，就很可能造成灌溉水重金属、有害微生物、抗生素等超标，进而威胁草莓的食用安全性。

固体污染也是造成栽培地土壤污染的重要原因，目前来看，在生产中固体污染的主要来源是不当施用商品有机肥。出于养殖过程中育肥及防疫的需要，养殖场普遍存在抗生素使用量超标、饲料中重金属超标等现象，这些未被吸收分解的抗生素和重金属就会残存在排泄物中，并在施用到土壤中后恶化土壤环境、影响产品品质。因此，在草莓地的选择上，要远离空气、水源污染区，在有机肥的使用上，尽量避免使用源自养殖场的商品有机肥，而选用充分腐熟的农家圈肥或者腐熟的饼肥。

（五）土质沙黏适中

草莓的根系由新茎和根状茎上生长的不定根组成，属于须根系，没有主根。初生根是白色的，主要作用是产生次生根和固定草莓植株，是草莓根系更新的重要部分。新根的寿命通常为一年；老根则是褐色，逐渐变为黑色并死亡，一般多在结果期陆续死亡。草莓的根系分布在地表以下 20 厘米左右，其中尤以 10 厘米分布最多，因此草莓易受到干旱、湿涝及低温的影响。

根系吸收养分水分的能力对草莓生长状况和产量高低、品质优劣起着决定性作用，不同性质的土壤对水分养分的存蓄能力不同，对草莓根系生长和吸收运输能力的影响也不一样。

沙性强的土壤透气性较好，有利于根系的伸扎，但是保水保肥能力差，在生产中容易"漏水、漏肥"，草莓在生长后期容易出现脱肥，从而影响产量和品质的形成。

黏性强的土壤保水保肥能力较强，能为草莓的生长持续提供养分，但是在草莓生长前期，养分分解较慢，秧苗生长速度缓慢，并且黏性土壤条件下透气性较差，根系伸发能力比较弱，会影响良好根系群落的建成，从而影响草莓的生长。同时黏性土壤容易形成积水，会增加烂果发生的概率。因此，在草莓园选址的时候，要充分考虑土质因素，适宜栽培草莓的土壤是沙黏适中的土壤。沙性强的土壤可通过增施有机肥或掺混黏性土壤予以调节，对黏性偏强的土壤，则可以通过增施有机肥或掺混沙土予以调节。

三、育苗管理

（一）准备与定植

1. 母株选择

选择品种纯正、生长健壮、无病虫害、有 4 片叶以上、根系发达的草莓植株作为繁苗母株。此外，繁殖用母株应取自繁殖圃内当年繁殖的健壮匍匐茎苗或假植苗，最好是脱毒苗。

2. 整地

作为繁殖圃，应选择光照充足、地势平坦、排灌方便的地块。要求土质疏松，有机质含量丰富，前茬作物未种过草莓、烟草、马铃薯或番茄，以免发生土传病害。前茬作物以小麦、瓜类、豆类为宜。

选地后，清除枯枝杂草，集中堆沤处理。母株定植前一周施足底肥，耕耙土壤。可亩施优质腐熟有机肥 5000 千克，平衡型复合肥 50 千克，过磷酸钙 30～40 千克，根据土壤情况补充微量元素，同时要施药防治地下害虫和土传病害。

整地前，先把肥料和农药均匀地撒于地面，然后耕翻耙细，定植畦可采用 1.2～1.5 米的平畦和高畦，雨水较多或排水较差的地方适合采用高畦繁殖草莓苗。为提高水分的利用率，可选择在畦的中间铺设 1 条滴灌带，两侧各铺设 1～2 条滴灌带进行滴灌。在母株定植前先洇畦，保证草莓母株定植时"湿而不黏"即可。

3. 母株定植

春季栽植，一般日均温度大于 10 摄氏度时定植母株。繁殖用母株的栽培密度因所繁殖品种抽生匍匐茎能力的强弱和土壤肥力水平而异。耐高温、匍匐茎抽生能力强的品种可放宽种植密度，而不耐高温、匍匐茎抽生能力弱的品种，可加大种植密度。一般株距 40～50 厘米，每亩栽 600～1200 株，母株在定植之前根系应注意保湿，栽植深度为"深不埋心，浅不漏根"，栽后立即浇一次水，浇透。

栽植过深，埋住苗心轻则导致缓苗慢，新叶不能伸出而生长慢，繁殖系数低，产苗量下降，严重时秧苗腐烂死亡；栽植过浅则根系外露，易使母株干枯死亡，会降低栽植成活率。母株栽种前可用促生根的生根刺激剂浸根，以利于根系生长。栽植时还应使根系舒展，保证其正常发育。栽植后要立即浇一次水，浇透，水下渗后及时将倒伏的秧苗扶正，并将裸露的根系用土壤埋严，将埋住苗心的土壤去除，并用清水冲净。

（二）定植后管理

1. 水分管理

母株在生长过程中，土壤墒情过干应及时浇水，每次应浇小水，不可大水漫灌。如果采用喷灌，前期一般每 3～4 天喷一次，到后期随子苗数量增多，加之天气变热，应适量加大浇水量，可 2～3 天喷一次。

较长的日照和较高的气温能促进匍匐茎产生。同时，匍匐茎的发生还要求土壤经常保持湿润，以利幼苗扎根。特别是进入 6 月份匍匐茎大量抽生时，水分管理尤为重要。

2. 及时松土除草

待秧苗全部成活后，要松土 1 次，以消除因浇水造成的土壤板结。除草以人工拔除为宜，不推荐使用除草剂。每次浇水后要及时松土除草，防止杂草滋生，在拔草时注意勿把小苗带出，出现无根苗时，应及时重新栽植。

3. 施用生长调节剂

草莓母株缓苗后，为了促进生长和匍匐茎的发生，可以叶面喷 1～2 次 10～20 毫克/升赤霉素。

4. 施肥

母株缓苗后，根据叶片颜色，每 15～20 天施用一次三元复合肥（15-15-15），每株 10 克，撒施在苗周围基质上，或者穴施在母株的根系附近，也可使用全溶性水溶肥，滴灌施入，或者施入腐熟粪水或 0.3% 尿素，促进母株生长，促生匍匐茎。子苗切离后，追施三元复合肥，每 7 天一次，每次每株 2～3 克，共追 2 次。

5. 摘除老叶、花序

叶片是光合作用的主要场所，也是草莓植株不可缺少的一部分。草莓的叶片属于三出复叶，一株草莓一年能生长 20～30 片叶。气温 20 摄氏度左右时，一般 8～14 天就可以长出一片新叶。光合作用有效叶龄为 28～45 天，从心叶往外数，第三片到第五片叶子的光合作用能力最强。从第七片叶开始，光合作用逐渐下降。草莓叶片生长的适宜温度是 15～25 摄氏度，超过 25 摄氏度，叶片生长缓慢。叶片进行光合作用的适宜温度为 20～25 摄氏度，30 摄氏度以上，光合作用下降。

在栽培草莓的过程中，合理控制好温度，及时做好叶片更新，黄叶、老叶、病残叶等及时摘除等措施有利于草莓的生长发育。一般温室促成栽培每株草莓保留 5～7 片展开的叶片就可以保证养分充分供应。

加强育苗管理，母株现蕾后及时摘去花序，清理母株上的老叶、病叶和多余的叶片，提升通风透光效果，一般每株留 4～6 片功能叶即可。在匍匐茎发生盛期，要及时整理茎蔓，使匍匐茎在地面均匀分布。母株在中间的采用放射状布置，在畦的一侧采用单向布置匍匐茎。

6. 引蔓、压土

当秧苗发生匍匐茎后，要及时引蔓，在生苗发根的节位上培土、压蔓，促进子苗早发不定根，形成大苗、壮苗，并疏除过密的弱小苗以保证子苗的质量。认真检查，对栽植过深或过浅的苗做及时调整。连阴雨季节要注意排水防涝，防止烂根死苗。7～8 月份如遇高温天气，最好搭遮阳网，中午前后也可加盖草帘。

7. 后期管理

8月上旬停止施用氮肥，只施磷钾肥，促进花芽分化，培育壮苗。技术要领是"控氮施磷钾，降温促分化"。于8月上旬增施磷钾肥2次。也可在8月后每周喷施一次0.3%的磷酸二氢钾，促进花芽分化。

8月中旬盖遮阳网（一般选择遮光率为55%左右），以降低叶表温度（促进花芽分化的适宜温度为10～25摄氏度），处理20～22天以后，花芽即开始分化。

8. 起苗

起苗前半个月要控水，起苗前2～3天要浇水，有助于起苗，具体要根据土壤墒情而定。每棵苗留0.5～1厘米的匍匐茎，用剪刀剪好。起苗时要搭遮阳棚，50～100个苗1捆；起苗后成捆灌水或蘸泥浆，及时送冷库预冷，温度为5～10摄氏度，散开放置，慢慢降温到3～5摄氏度。自己育苗自己栽可赶着栽赶着起。

（三）壮苗标准

一级苗初生根5条以上，初生根长7厘米以上，根系分布均匀、舒展，成龄叶4片以上，叶柄、叶色正常，中心芽饱满；二级苗初生根3条以上，初生根长5厘米以上，根系分布均匀舒展，成龄叶3片以上，叶柄、叶色正常，中心芽饱满，花芽发育充实。

四、促花芽分化技术

草莓的芽分为花芽和叶芽。花芽最终形成花序，而叶芽则分为顶芽和腋芽，顶芽萌发后向上长出叶片，当秋季日平均气温下降到17摄氏度左右，日照时数小于12小时，顶芽即可发育成混合花芽，最终形成第一花序。而腋芽则发育成匍匐茎，用于繁育生产苗。

花芽分为顶花芽和侧花芽两种，花芽分化主要受到温度和光照的影响。草莓花芽分化始于秋季，一般在较低温度（平均气温23～24摄氏度以下）和短日照（日照12.5～13.5小时）的条件下经10～15天的诱导后开始。低温对形成花芽的影响较短日照更为重要，但过低温度（5摄氏度以下）会使花芽分化停止，过高温度（27摄氏度以上）花芽分化也不能进行。花芽分化时，对低温、短日照的需求又是相对的。30摄氏度以上高温不能形成花芽；9摄氏度低温经10天以上即可形成花芽，这时与昼长无关；温度为17～24摄氏度时，只有在 8～12 小时昼长的条件下，才能形成花芽。

第二花序（侧花芽）则是在顶花芽完成花芽分化后的 25～30 天才开始进行分化。自然条件下从顶花序开始分化到第四花序分化完成需要 9 个月时间（当年 9 月至次年 5 月），其中 12～2 月花芽发育缓慢。

栽培的草莓品种绝大多数为两性花，又称完全花，由花柄、花托、萼片、花瓣、雌蕊、雄蕊六部分组成。根据花柄着生方式不同，草莓的花可分为单花、二歧聚伞花序或多歧聚伞花序。日系品种一般为二歧聚伞花序。草莓花的结构见图 1-20。

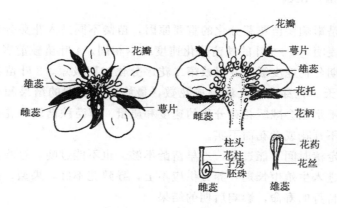

图 1-20　草莓花的结构

每个花序上可着生 7～15 朵花，各个小花在花序上着生的次级不同，开花时间也不同。花序主柄上着生一朵花为一级花，一级花两个花苞出生后长出 2 朵二级花，以此继续分生。一级花最大，开花结果也最大最早。花的次级越高，结的果子越小。因此，一个花序保留 1～3 级花即可。其他高次级的花可及早疏除，避免争夺养分，过度消耗植株寿命。

秧苗长得好，花芽也要分化得好才算成功。草莓花芽分化是一个极其复杂的生理生化过程，而且受到很多因素的影响，一旦某一因素达不到要求，就会影响花芽分化的质量和数量。

（一）养分

草莓不同生理期对养分的需求有差异。育苗后期，草莓开始为花芽分化做准备。在成花前，草莓体内的可溶性糖、还原糖和淀粉的含量均处于高水平。随着顶花芽开始进入花芽分化状态，这些物质被大量消耗。第二序花芽分化前又升高，进入第二序原始体大量分化时又再次降低。因为糖类属于碳水化合物，而碳水化合物既是结构物质又是能源物质，在花芽分化时大量消耗，还为蛋白质的合成提供碳骨架。磷元素是糖类合成过程中不可缺少的物质，且能促进花芽形成；而钾元素是光合作用过程中的重要物质，光合作用的产物则是影响草莓花芽分化的主要原因。因此，在草莓育苗后期，要以磷钾肥为主。氮素过高则会抑制草莓花芽的形成，所以7、8月份最好以低氮中磷高钾的水溶肥为主。

（二）植株苗龄

苗龄也是影响秧苗花芽分化的重要原因，苗龄不同进入花芽分化的时间也不同。研究表明，5～6叶的秧苗分化速度基本相同。4叶苗较前者分化推迟7天，尤其后期分化速度缓慢，以致第二花序分化时期极短，3叶苗花芽分化较6叶苗晚23天。花芽分化会影响成花数，最终影响后期的结果和产量。定植过迟、养分不足也会减缓花芽分化的速度和质量。草莓秧苗弱，花芽分化不充分，会导致不开花或者花而不实。

因此，定植时间不能过早，过早苗龄不够。也不能过晚，过晚秧苗刚缓过苗就要开始进入生殖生长期，养分供应不上，导致花不好，果型、品质差，甚至透支秧苗自身的寿命，影响后期的结果。

（三）激素处理

植物的生理过程离不开内源激素的参与，花芽分化的过程也一样。花芽开始进行分化是草莓营养生长转为生殖生长的节点，这一时期养分主要供应给花芽分化，营养生长会继续进行且维持，但速度会减慢，养分分配得更少。

生产上常在育苗期为了促进匍匐茎的抽生喷施赤霉素，但是进入七八月份，不能再继续喷施赤霉素，赤霉素有成花抑制效应。研究发现，赤霉素浓度越高，茎和叶柄越长，匍匐茎发生量越大，而成花过程受抑制越深。

草莓整个成花反应除了赤霉素外，还有细胞分裂素（CTK）、生长素（IAA）、脱落酸（ABA）、乙烯和多胺的参与。研究结果表明，生长素可抑制成花，乙烯在短日草莓品种花芽诱导期间使用能增加果数和产量。多胺可能也促进草莓的成花过程。

总体来说，在草莓育苗期间应用比较多的还是赤霉素、多效唑等。赤霉素是促生匍匐茎的，多效唑的主要作用就是抑制草莓的营养生长，从而促使草莓转向生殖生长，有利于草莓花芽分化。根据田间实际效果及实验研究，三唑类药剂都有抑制草莓营养生长的作用，但有效期不同，抑制的作用也不一样。经过长时间的实际生产，证明多效唑和戊唑醇有效期长，抑制作用明显，但容易引起后期果形不好，因此可以用烯效唑、氟硅唑、腈菌唑等三唑类药剂替代。尤其是进入8月份，不能继续用戊唑醇控苗。

第四节　草莓的建园

一、园址选择与品种搭配

　　草莓在我国的南方北方都适合栽种，但是，其适应性强是相对的，草莓对于成长环境还是有一定的要求的。首先，草莓对水分和养分的要求很高，在土壤黏重的情况下，根系无法生长和发育，黏性土壤会大量降低草莓的成活率，而土质疏松的沙地及盐碱地、洼地等因其土壤养分不足，也不适合栽植草莓。其次，栽培草莓必须有灌水条件。此外，还需要地面平整，栽前还要充分施足有机肥。草莓地需要进行轮茬，通常情况下，周期年限不超过3年。

　　南方地区光照相对于北方而言更为充足，为草莓果实的质量提供了良好的光照保障。南方灌溉条件也较好，但遇到梅雨季节，雨水多，会影响草莓成长。生产上，必须要顺应植物生长规律，采用科学的管理方法，才可以达到最大的经济效益。

（一）草莓栽培地的选择

　　同苗圃选址要求类似，草莓园应选址在地势稍高、土壤肥沃疏松、地面平坦、灌排便利同时又光照充足的地方。前茬以豆类、瓜类、小麦和油菜较好，因为这些作物与草莓没有共同性的病害，对草莓的生长和繁殖有利。

（二）草莓品种的选配

　　尽管草莓自花授粉能结果，但是，异花授粉有明显增产效果。有研究表明，异花授粉可以使每1亩产出量增加近1/4，因此，品种的合理搭配也是十分重要的。除主栽的某一品种外，应当合理配置一部分成熟期不同的授粉品种，一方面可以达到增产效果，另一方面，延长了采收期，保障一年四季产出量，同时也缓解忙时闲时的矛盾。

近年来，我国从国外引进不少品种，这些品种也都是经过有关部门的反复试验，已经完全地适合了我国的气候条件及土壤特点。我国培植的优良草莓品种主要有早生、春香、红衣、戈雷拉等，这些品种不仅较丰产，而且品质优良，并且抗病性和抗逆性也相对较强。

选对品种，搭配合理是获得最大收益的重要保障。例如，威斯塔的成熟期早，而爱美则果形大，肉感新鲜，单果重可超过100克。

二、整地定植

（一）栽培田消毒

立秋之后，即每年的8月下旬至9月下旬，是温室草莓定植的时期。草莓定植密度大，生产周期长，重茬严重，对肥水的要求比一般果树高，产量越高，需肥量越大。施够充分的底肥，是确保草莓优质高产的关键。草莓土壤消毒、施底肥的方法及注意事项如下所述。

土壤是一个复杂的大环境，长时间耕作会导致土壤冗杂，如病菌残留、草籽、虫卵、肥料沉降等。如果把未耕作的土壤比作一杯清水，那么耕作后的土壤就相当于在清水里加入了灰尘、砂砾、锅底灰、腐臭的食物残渣等，浑浊而又散发着恶臭。在这样的环境条件下，无论种什么都会出问题。

土壤消毒有化学消毒和非化学消毒。化学消毒主要是在土壤中施入棉隆、威百亩、石灰氮等熏蒸剂进行土壤消毒。非化学方法则是利用太阳能或生物熏蒸的方法。

1. 棉隆

（1）剂量及作用

棉隆属于低毒高效无残留的环保型广谱性综合土壤熏蒸消毒剂，在土壤中分解出异硫氰酸甲酯、甲醛和硫化氢，对根瘤线虫、茎线虫、异皮线虫有杀灭作用。此外还有杀虫、杀菌和除草作用，因此能兼治土壤真菌、地下害虫和藜属杂草，如马铃薯丝核菌病、土壤中鳞翅目幼虫、叩头虫、五月金龟甲的幼虫等。

使用棉隆时应在湿润的土壤环境下，98%的微粒剂亩用20～30千克，对草莓的根腐病、炭疽病及黄萎病等土传病害和根结线虫有较好的防治效果。

（2）使用方法

①上茬结束后，及时清理残茬和病残体，平整土地，施入所需有机肥，

有机肥需经腐熟。

② 土壤处理前要浇水使 20～30 厘米土层充分湿润，保持 5～7 天，土壤含水量达到 60％左右时，进行土壤处理。

③ 用旋耕机旋耕或铧犁翻耕，深至 20～30 厘米耕层土壤，按照 22～45 克/平方米的用量将棉隆均匀撒施于土壤表面，并使耕层土壤与药充分混匀。

④ 用喷壶或喷管反复洒水，增加土壤湿度，使药剂和水分充分接触，保证药剂完全反应产生甲基异硫氰酸气体。

⑤ 用厚度不低于 0.4 毫米的原生塑料膜密闭覆盖所处理的土壤，四周挖压膜沟，将塑料膜边角平展在沟中，用土镇压严实，确保不漏气，塑料膜没有漏点，密闭熏蒸 10～15 天（若时间允许可延长熏蒸时间）。

⑥ 熏蒸处理后，揭膜放风 5～7 天，其间松土 1～2 次，确保土壤中无毒气残留后，可正常移栽。

（3）注意事项

① 施于土壤后受土壤温湿度及土壤结构影响较大，使用时土壤温度应大于 12 摄氏度，12～30 摄氏度最宜，土壤湿度大于 40％（湿度以手捏土能成团，1 米高度掉地后能散开为标准）。

② 为避免土壤受二次感染，农家肥（鸡粪等）一定要在消毒前加入。

③ 因为棉隆具有灭生性的原理，所以不能与生物药肥同时使用。

2. 威百亩

（1）剂量及作用

威百亩是具有熏蒸作用的二硫代氨基甲酸酯类杀线虫剂，其在土壤中降解成异硫氰酸甲酯发挥熏蒸作用，通过抑制生物细胞分裂和 DNA、RNA、蛋白质的合成造成生物呼吸受阻，能有效杀灭根结线虫、杂草等有害生物，从而获得洁净及健康的土壤。威百亩在使用时同样需要土壤保持湿润，土壤水分调节到 60％左右，亩用量 15～20 千克。

（2）使用方法

施药五个要点：温度、湿度、深度、均匀、密闭。施药后保持土壤湿度为 65％～75％，土壤温度为 10 摄氏度以上，施药均匀，药液在土壤中深度 15～20 厘米，施药后立即覆盖塑料薄膜并封闭严密，防止漏气，密闭 15 天以上。

① 整地：施药前先将土壤耕松，整平，并保持潮湿。

② 施药：按制剂用药量加水稀释 50～75 倍（视土壤湿度情况而定），均

匀喷到苗床表面并让药液润透土层 4 厘米。

③ 覆盖：施药后立即覆盖聚乙烯地膜阻止药气泄漏。

④ 除膜：施药 10 天后除去地膜，耙松土壤，使残留气体充分挥发 5～7 天。

⑤ 播种：待土壤残余药气散尽后，即可播种或种植。

（3）注意事项

① 施药时间：一般选择早 4:00～9:00 或午后 16:00～20:00，避开中午高温时间，防止药气过多挥发及保证施药人员安全。

② 该药在稀释溶液中易分解，使用时要现用现配。该药剂能与金属盐反应，配制药液时避免使用金属器具。

③ 施药后如发现覆盖薄膜有漏气或孔洞，应及时封堵，为保证药效可重新施药。

④ 该药对眼睛及黏膜有刺激作用，施药时应佩戴防护用具。

3. 太阳能消毒

太阳能土壤消毒是指在高温季节通过较长时间覆盖塑料薄膜来提高土壤温度，以杀死土壤中包括病原菌在内的许多有害生物。由于该方法操作简单、经济实用、对生态友好，其研究和应用日益受到人们的重视。

4. 生物消毒

在夏季，将新鲜的家禽粪或牛粪、羊粪加入稻秆、麦秆等，与土壤充分混合，再盖上塑料布，可显著提高土壤温度，并产生氨气，因而具有杀死土壤病菌和线虫的双重效果。为了取得对病害较好的控制效果，要考虑在晴天日照时间长、气温高时操作。

经过消毒后的土壤除了大量的病菌被杀灭外，土壤中的有益微生物也被杀灭了。因此，在消毒后及时进行微生物菌剂的补充是一项重要且必要的措施。

（二）草莓如何施用底肥

定植前通过取土化验，了解土壤的肥力状况，并根据草莓的需肥特性，制订出草莓全生育期合理平衡施肥方案，合理平衡施用氮、磷、钾三要素肥料，配合中微量元素肥料，确定底肥、追肥比例。

1. 以有机肥料为主

底肥以有机肥料为主，配合施用适量化肥。从草莓种植的吸肥规律来看，后期需要吸收大量的肥料，尤其是磷、钾肥，有机肥的分解进程表明，后期正好释放大量的磷、钾，可以满足草莓的生长需求。每亩施充分腐熟的有机肥3000～3500千克或商品有机肥400～450千克。同时加入三元复合肥15～20千克或尿素5～6千克、磷酸二铵15～20千克、硫酸钾5～6千克。

2. 辅以生物有机肥

草莓原则上不宜重茬，否则易发生根腐病、黄萎病、青枯病等根部病害，因此温室必须进行土壤消毒，为弥补土壤消毒有益微生物的损失，施底肥时配施生物有机肥，施用量为每亩100～150千克。

生物有机肥含有丰富的有机质和多种有益微生物，既可以改善土壤结构和理化性质，又可以为作物生长提供足够的营养物质，其含有的多种有益微生物群可代谢产生多种酶和有机酸，可以促进土壤中难分解养分的分解，增强土壤养分的有效性和易吸收性。有益微生物群在生长过程中还可以产生多种维生素、生长刺激物质，可以有效促进根系生长发育，增强光合作用，从而有利于糖分及干物质的积累。

3. 草莓底肥施用的注意事项

（1）适宜配方

控释肥配比（氮：磷：钾）可选择19：10：20和16：10：24，一般加入草莓生长所需的中微量元素。

（2）施肥时间

9月初（秋季）草莓移栽前施肥。

（3）施肥方法

起垄前将基肥用量的60％～70％施用于栽植行的垄底部，移栽前再把剩余的30％～40％施用于定植穴底部，结合深耕地以基肥施入，沟施或条施，施入深度以20厘米左右为宜。每亩施用控释肥100千克左右。草莓对氯非常敏感，施含氯化肥太多，会严重影响它的品质，因此，要控制含氯化肥的使用。

（4）施肥效应

叶绿素增加，叶片浓绿，长势良好，产量较高，果实糖度、维生素C含量和香气物质种类及含量提高，果实色好，品质优良。

（三）整地作畦

1. 整地

对于非连作地，在草莓栽植前要清除地上杂草，施入足够的优质有机肥和一定比例的化肥作为底肥，以增加土壤中有机质含量，提高土壤孔隙度，改善土壤透性和保水保肥能力，提高土壤肥力，满足草莓生长结果对养分的需要。一般每公顷需要撒施腐熟的优质有机肥（以猪厩肥为例）5000千克、尿素6.5千克、过磷酸钙50千克、硫酸钾8千克，或氮、磷、钾三元素复合肥50千克。然后进行深耕，深度一般为30～40厘米，以促进土壤熟化，然后再根据栽植方式整地作畦。

2. 作畦

土壤处理好后，要按栽植方式培垄作畦。生产上常见的草莓栽植方式有以下两种。

一种是平畦栽植：适宜北方地区露地栽培。一般畦长10～20米，畦宽1.2～1.5米，畦埂高15厘米，畦埂宽20厘米左右。平畦的优点是便于灌水、中耕、追肥和防寒覆盖等田间作业；缺点是畦不易整平，灌水不匀，果实易被水淹而霉烂，因其局部地段湿度过大，通风条件差，果实品质会受到影响。

二是高垄栽植：较适宜南方露地种植的地区，也是草莓保护地栽培的主要栽植方式。高垄栽培的垄高一般为30厘米，上宽50～60厘米，下宽70～80厘米，垄沟宽20～30厘米。高垄栽培的优点是：排灌方便，能保持土壤疏松，通风透光，果实着色好，质量高，不易被土壤污染和霉烂，也便于地膜覆盖和垫果，高垄栽培同样适宜温室、大棚采用；缺点是易受风害和冻害，有时会出现水分供应不足。

整地作畦后应灌一次小水，适当镇压，使土壤沉实，以免栽植后浇水时植株下陷埋没苗心，影响成活。

三、草莓栽培的方式

草莓种植的最终目标，是在不同时间最大化消费者对产品的需求，即实现年度生产和供应。只有这样，我们才能获得更高的经济和社会效益。

目前，我国各草莓产区的露地种植和保护性土地栽培相结合，基本达到了草莓的年生产和供应。根据栽培原理总结了草莓的栽培方法，一般分为露地、促成、半促成和延迟抑制4种。无土栽培主要应用于后3种设施栽培形式，这里就不单独描述。

（一）促成栽培

促成栽培是选用休眠浅或较浅的品种，通过各种育苗方法促进花芽提早分化，定植后直接保温，防止植株进入休眠，促进植株生长发育和开花结果，使草莓鲜果提早上市（最早可在 11 月）的栽培方式。

目前促成栽培品种以休眠浅的日本草莓品种为主。我国北方地区冬季寒冷时间长、降雪多，可利用带有承重后墙、保温好的日光温室来生产草莓，覆盖材料采用聚氯乙烯塑料棚膜，上盖纸被和草帘，在寒冷的 12 月至次年 1 月，通过适当加温来防止草莓植株遭受冷害。在南方地区采用塑料大棚内加拱棚的双重保温方式。

（二）半促成栽培

半促成栽培选用休眠较深或休眠深的品种，定植后在自然条件下基本上满足草莓植株对低温量的需求，在自然休眠通过之前开始保温，使草莓植株提早生长发育和开花结果的栽培方式。半促成栽培的果实采收期较促成栽培推迟，但比其他栽培方式要早，一般在 3 月中下旬鲜果开始上市。半促成栽培又可分为北方地区的日光温室半促成栽培和南方地区的塑料大棚半促成栽培两种形式。

（三）推迟抑制栽培

草莓具有很强的抗低温能力，在 −2~3 摄氏度的低温条件下，可以在田间保存一年以上后正常生长。根据草莓的生物学特性，可以挖掘在露地栽培、经历花芽分化并处于休眠期的健壮幼苗，在低温条件下贮藏。

四、草莓的立体栽培

立体栽培也称垂直栽培，利用竖立起来的栽培柱或其他形式作为植物生长的载体，充分利用温室空间和太阳光照的一种无土栽培方式。

目前生产中常用的草莓立体栽培形式有架式栽培、柱状立体栽培、墙体栽培、高架栽培床等，立体栽培具有可提高空间利用率和单位面积产量、解决重茬问题、减少土传病虫害等优点，经济价值和观赏性均较高。立体无土栽培已成为草莓生产上的一个亮点。

（一）传统架式栽培

该技术是利用 3~4 层分层式框架，在框架上放置栽培容器，在容器内种植草莓的一种栽培技术。这个分层式框架主要分为 A 字形和阶梯形两种。栽培架要按照南北向排放，为保证光照条件和减少遮光，排放时应选取适当的栽培架间距。架式栽培包括基质栽培和水培两种形式。

以 A 字形栽培架栽培为例：

A 字形栽培架主体框架为钢结构，左右两侧栽培架各安装 3～4 排栽培槽（图 1-21），层间距 40 厘米，距地面 0.45 米，最高处 1.3 米，栽培架宽 1.2 米左右；栽培槽一般用 PVC 材料制作，直径为 20 厘米；立架南北向放置，各排栽培架间距为 70 厘米。该形式操作方便，大大减轻了劳动强度。单位面积栽培架上栽培的草莓数量是平地栽培的 2 倍，产量比原来提高 1.6 倍。

图 1-21　草莓 A 字形栽培架栽培

（二）改良架式栽培

1. 移动式立体栽培

移动式立体栽培装置主要包括栽培架、栽培槽、导轨、两端带有滚轮的支撑轴和传动机构。栽培槽固定在栽培架的两边，2 根导轨固定在温室地面上，2 根支撑轴安装在栽培架下方，滚轮与导轨配合并在导轨上运动，传动机构驱动支撑轴转动。

支架采用 600 毫米×400 毫米的方钢焊接而成，为矩形，每个栽培架上安装 2～4 排栽培槽，槽直径为 25 厘米。通过滑轮使栽培架进行左右平行移动，空出人行通道。采用该装置不仅可以使草莓植株充分地接受阳光，提高果实品质，还可以使温室空间得以充分利用，大大提高单位面积产量。

2. 开合式立体栽培

开合式立体栽培装置包括支架、栽培架、定植槽转动主轴、减速电机和曲柄连杆机构（图 1-22）。支架用于将整个立体栽培装置支撑在地面上，支架的上端通过滑动轴承与栽培架铰接，定植槽安装在栽培架上，转动主轴和减速电机安装到支架上，曲柄连杆机构的一端与转动主轴连接、另一端与栽培架铰接。

草莓植株正常生长时，栽培架处于倾斜展开状态，倾斜角度为 55°～65°；当进行管理和采摘时，通过调整栽培架角度使其处于垂直收拢的状态。采用该

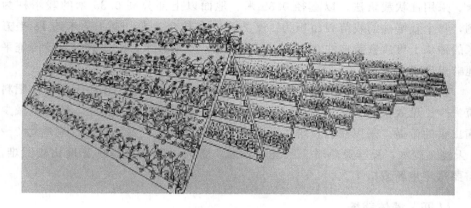

图 1-22 草莓开合式立体栽培

装置不仅可以使草莓植株充分采光，还可以充分利用温室栽培空间，提高单位面积产量，改善经济效益。

3. 竹子管道式水培

竹子管道式水培装置包括栽培架、营养液槽、供液水泵、供液管、回液管。主体支架和栽培管道均由竹子制成，栽培架为直角三角形结构，栽培管道可放 3～5 排，每个管道上平均可打直径为 3～5 毫米的定植孔 8～12 个。采用竹质材料栽培草莓，兼有环保和美观的作用，而应用直角三角形的栽培架又能够充分利用空间。

（三）柱状立体式栽培

柱状立体式栽培是用立柱来支撑和固定栽培钵以及滴液盒，立柱使栽培钵贯穿于一体。立柱由水泥墩和钢管组成，水泥墩横截面面积为 15 平方厘米，中间留有直径 30 毫米、深 10 毫米的圆孔用来插钢管；钢管长约 2 米，直径为 20～25 毫米。立柱要南北向成行固定在地面上，立柱间距不少于 0.5 米。行间间距可以为 2.4 米。栽培钵中空、四瓣或六瓣结构，用 PVC 材料制成，各栽培钵间相错叠放在立柱上（图 1-23）。

由于栽培柱南面能够见到直射光、北面只能见到散射光，光照度差异会导致草莓植株生长不一致，因此，需要隔 3～4 天转动 1 次栽培柱，以保证植株生长整齐，开花结果一致。

柱状立体式栽培可提高土地面积利用率。采用传统的平地畦栽培方法，以畦宽 1 米、畦埂宽 0.3 米为例，在 13 平方米地上，实际栽培面积为 10 平方米。采用柱状栽培法，以直径 0.35 米、地面以上部分高 0.85 米的栽培柱为例，每个栽培柱的栽苗表面积为 1 平方米，在长 7.5 米、宽 1.7 米约 13 平方米的地块上可放置栽培柱 20 个，栽苗面积为 20 平方米，土地利用率较传统平地畦提高了 1 倍。

在栽培柱内，苗根部相对集中，浇水施肥时相当于直接作用于根部，肥料流失少、见效快，提高了肥料利用率。同时各栽培柱间相互独立，还可以减少病虫害的传播。采用柱状栽培法最大的缺点是浇水比较费工费时，春季每 3～4 天浇 1 次水，夏季炎热时 1 天浇 1 次水。此外，栽培柱越冬管理比较困难，需要每年重新栽植 1 次。

（四）墙体栽培

墙体栽培是利用特定的栽培设备附着在建筑物的墙体表面，不仅不会影响墙体的坚固度，而且对墙体还能起到一定的保护作用，有效地利用了空间，节约了土地，实现了单位面积上更大的产出比。在日光温室后墙上设置通长的栽培管道，根据后墙高度可设置 3～4 排（图 1-24）。后墙管道的采光条件较好，可充分利用太阳光，有利于草莓植株生长和果实品质的提高。

图 1-23　草莓柱状立体式栽培　　　　　　图 1-24　草莓墙体栽培

（五）高架床栽培

草莓高架床栽培技术是指通过水培、基质培等方式（图 1-25），在现代设施大棚内将草莓置于高架培床上进行栽培，具有高投入、高产出的特点，且果实品质优、食用安全性好，适合观光农业园应用和规模化生产。近年来，在日本、荷兰、美国等国家得到开发和应用，尤其是在日本发展较迅速。

图 1-25 草莓高架床栽培

1. 日本枥木模式

栽培槽宽 30 厘米，内层槽深 15 厘米，外层槽深 25 厘米。内层为无纺布槽，中层为吸水布，外层为防水膜。单条槽种 2 列，株列距（15～20）厘米×20 厘米。果实朝外侧生长。种植方式有单槽成行和双槽并列成行 2 种，为提高单位面积土地利用率，通常采用双槽并列成行种植方式。行间操作通道宽 80～90 厘米。栽培架一般用镀锌管制作，床面高 80～110 厘米，见图 1-26。

2. 日本长崎模式

栽培槽用发泡塑料制成，外宽 50 厘米，内宽 40 厘米，深 12 厘米，长 1 米。栽培槽底部有排水沟。槽内侧先后依次铺设防水黑膜和无纺布 2 层。栽培支架主要用镀锌管制作，床面高度可自由调节，一般为 80 厘米。单条槽种 2 列，株距 19～20 厘米，密度 7 万株/公顷。果实朝外侧生长。日本长崎栽培模式见图 1-27。

图 1-26 草莓日本枥木栽培模式

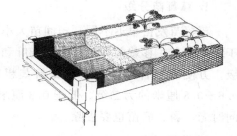

图 1-27 草莓日本长崎栽培模式

草莓高架栽培是一种省力栽培模式。在该栽培模式下，草莓植株距离地表约 1 米，使得生产管理者能够直立身体进行作业，大幅度降低了生产者的劳动强度。草莓果实悬在半空中，减少了与灌溉水的接触，最大限度减少了因湿度过大而造成的病害。采用高架栽培草莓，花序授粉充分，果实发育正常，果形端正、颜色鲜艳，提高了优质果的比例。

五、定植要点

（一）定植时间

定植草莓主要在春、秋两季。生产上以秋栽为主，因为秋季秧苗来源充足，土壤及空气湿度较大，天气冷凉，栽后成活率高，缓苗快，冬前能继续生长和积累营养。秋栽不宜过早，因为土温太高，影响扎根成活。

试验证明：在 30 摄氏度的条件下，草莓成活率只有 10％；25 摄氏度左右，成活率为 50％；15 摄氏度左右，成活率为 95％。因此切忌过早定植，一般定植最适宜的温度为 15～23 摄氏度。不要定植过晚，否则冬前秧苗过小，积累的营养物质过少，不仅影响秧苗的正常越冬，而且也影响第二年的产量。

根据种植经验，定植最适宜的时间是立秋后 7～8 天至处暑，此时土壤含水量较多，空气湿度比较大，昼夜温差大，利于缓苗，成活率高。从一般的情况看，一般北方地区定植多在立秋之后，甚至可延迟到 10 月初前后定植；南方地区多在 10 月后，甚至可延迟到 11 月份。具体定植日期要根据当时的天气情况，一般多利用阴雨冷凉天或下午气温较低时进行。如果利用贮藏的带花芽的秧苗进行促成栽培，可根据计划采收期向前推 2 个月左右进行定植，并要同时采取必要的保护措施。

（二）种苗处理

1. 草莓苗分级

草莓苗发苗早迟不同，田间苗大小不一，大小苗分级定植，不要混栽，便于统一管理。移栽前种苗要去除老叶和病叶，定植前需要对种苗进行简单的分级，方便统一管理。一般草莓新茎粗度在 0.8 厘米以上的为一级，新茎粗 0.6～0.8 厘米的为二级，低于 0.6 厘米的草莓种苗为三级，基本不适宜种植，同时老、弱、病苗也要去除。

2. 选择壮苗

适合苗龄为 50～90 天、茎粗 0.8～1.0 厘米（最低标准＞0.6 厘米）、根系发达的子苗。

草莓壮苗的标准是：株型矮壮，侧芽少，全株重达 35 克以上；具有 5～6 片正常叶，叶片鲜绿，叶片大而厚，叶柄粗壮，根状茎粗度 1～2 厘米；须根多，有 5～10 条以上，根系长度在 5 厘米以上，粗而白；没有病虫害，植株完整，根、茎、叶各部位没有损伤。

3. 种苗整理

种苗的整理可以和分级同时进行，主要是去掉种苗上的老叶、病叶及匍匐茎，减少定植后种苗自身养分的消耗，提高成活率。叶片数量也不是越多越好，在温度高或者水土不好的地方，可以适当去掉一些叶子，保留大概 3 片叶即可，防止叶片多，蒸腾作用过强，从而影响成活率。

注意去除老叶时，不要用手直接掰掉，这样伤口大、位置低，病原菌容易通过伤口侵染，种苗易染病。最好使用剪刀，在离叶柄基部 2～3 厘米的部位将病叶去掉，保留一部分叶柄。待定植后，叶柄基部慢慢形成离层后，再一并去除。

4. 移栽前蘸根

根部用稀释后的杀菌剂浸根处理 10～20 分钟，预防炭疽病等病害带入大棚田。栽植前一天垄面浇透水，整平拍实，栽种时要深不埋心、浅不露根。

5. 外购草莓苗

如果从较远的外地购进幼苗，接到草莓苗后，第一件事应该摸摸草莓苗有没有发热，并打开及时散热，到家后因起苗和拔叶都存在伤口，为避免病菌从伤口感染可以先蘸根后放到阴凉处保存降温然后准备栽培。

栽培时应把植株外围的大叶剪掉，只留中间 2～3 片小叶，这样可减少叶片水分的蒸发，以提高其成活率。

（三）移栽方法

1. 定向移栽

草莓栽植要注意好方向。发育良好的新的匍匐茎植株，其短缩茎基部略呈弯曲的弓形，所有的花序均从弓背方向上抽生，所以在草莓定植时一定要让秧苗弓背朝向垄的外侧，使结出的草莓果统一朝向外侧，这样既利于通风透光，又便于农事操作与管理。由于花序伸出的方向与匍匐茎抽生的方向正好相反，为了便于辨认方向，提高移栽效率，也可以在起苗时在草莓苗上留一小段匍匐茎，移栽时将这一小段匍匐茎统一朝向垄的里侧，将来结出的草莓果也就会统一朝向垄外。

2. 双行交错栽植

采用一垄双行的栽植方式，垄宽70厘米，沟宽30厘米，垄内两行之间的距离40厘米，株间距15厘米。垄内两行草莓的株与株之间相互交错定植，以充分利用土地和地力，便于根系的生长、植株的通风采光，减轻灰霉病、白粉病、菌核病等病害的发生概率。

3. 适宜的栽植深度

合适的栽植深度是移栽成活的关键。栽得过深，苗心被埋住，容易造成烂心死苗；栽得过浅，根茎裸露在外，容易引起草莓苗的干枯死亡。适宜的栽植深度为土壤浇水沉实后，草莓苗心的茎部与地面相平或略高于地面，使苗心不被土淹没。达到"深不埋心，浅不露根"的基本要求，确保适宜的移栽深度。

4. 覆盖遮阳

栽后用遮阳网、草帘等遮阳，待草莓成活后揭除。

（四）缓苗期管理

草莓定植后管理的重心有两个：一保证草莓苗成活，二促进根系生长。

定植后草莓缓苗的快慢最关键的是根系，如果根系好，定植后苗期发根会很快，成活率也会高，如果是本地带土移栽的苗一般4～5天就能缓苗，如果是外购苗，基本是裸根苗，又经长途运输，秧苗失水，会相对缓苗慢，一般要一周左右才能缓苗。

1. 保证水分供应

定植后首先是要正确地浇水，定植当天浇完定根水后，以后2～3天每天早晚各浇水一次，使土壤保持湿润状态，定植初期最好是滴灌浇水为主水，水量容易控制。缓苗后再慢慢减少浇水量，注意浇水量，避免根系积水，影响其呼吸作用，导致烂根。如遇大雨，注意田间排水，做到"雨尽水停"，保护根系，对于坍塌的畦，含水量太高时不必修补，强补、硬拍容易造成土壤透气性下降。

如果定植时气温过高，可利用微喷淋湿叶片补充水分，充分满足草莓苗对水分的需要，利于缓苗，同时降低温度，促进地下根系的萌发。

2. 适时遮阳降温

秋季天气白天炎热，早晚冷凉，对于刚定植的草莓如果遮阳过度，草莓不容易生根，中午暴晴，容易将叶片晒干，不利于草莓后期生长。为此，在刚定植后几天中要注意遮阳网的使用，建议早晚让太阳照射草莓苗一段时间，当草莓苗快要萎蔫的时候开始上遮阳网。

3. 停止补苗、喷施叶面肥

缓苗期停止补苗、喷施叶面肥。缓苗期除了浇水外，建议不要摘叶、除草等，包括补苗。定植后比较适宜的补苗时间有两个，一是定植当天浇完定植水后，要进入田间仔细检查草莓苗是否达到栽植质量要求，发现问题应及时调整，或重新定植。二是种植过程中将多余的苗种植在营养钵中，等草莓种植20天后集中一次补苗就可以了。

此时不要喷施任何叶面肥，所有肥料或农药对叶面都有一定的灼伤作用。缓苗后期新叶展开后用叶面喷施补肥。同时在浇水时可以使用适量的生物菌肥，生物菌对根系有很大的保护和促生长作用，适量的生物菌肥可促进秧苗的快速扎根，同时能够抑制根部病害的发生。可以在浇水时配合一起使用，可以很好地防治根部病害的发生。

4. 秧苗成活的判断方法

观察心叶颜色，种苗成活说明根系已经生长出新的须根，能进行正常的水分代谢，根据顶端优势原则，此时心叶供水充分，显现嫩绿色；而缓苗未成功种苗的心叶则因缺水显现深绿色；观察心叶是否有吐水，种苗成活其心叶叶尖有吐水现象，吐水是根系正常活动的一种表现，也是草莓地上部分证明其成活的依据之一；观察种苗整体状况，种苗整体瘫软，叶片发灰，则种苗还未成活，仍需要几天缓苗。成活种苗则从心叶向外逐步挺立，叶片逐步恢复绿色。到这里草莓安全度过缓苗期。

5. 定植成活后管理

缓苗后去老叶，去得早削弱草莓长势，严重的会造成死苗；去得晚，老叶会抑制新叶的发生，不利于植株生长。缓苗后要根据草莓苗的实际情况摘除老叶，如果草莓叶柄粗壮不宜强行摘除，等其失水发干时摘除；叶片枯黄的、感病的要及时摘除。一般情况下，去老叶的时候要遵循三张新叶展开才能去掉，并且不能一次性去掉太多，否则伤口太多、太大，流液多了会削弱草莓长势，影响草莓花芽分化。建议用剪刀剪，剪完以后一定记得喷杀菌药。

缓苗后要控制好长势，尤其是基质苗，生长快易徒长，容易发生很多侧芽。草莓苗徒长后不要用激素进行处理，最好是叶面喷施氨基酸钾或者降温控制。草莓基本完成第一次根部的生长时就可以进行松土了。具体要求：①深度2厘米为宜；②草莓苗地茎3厘米外范围；③松土时伴随除草，相当于清理一遍棚室。

第五节　草莓的综合管理

一、环境要求

草莓是常绿植物，在温暖的地区没有明显的休眠。在温带地区，冬季气候寒冷，被迫休眠。越冬后，当春季局部温度达到 2～5 摄氏度时，植物开始以前一年的累积养分生长，根源开始移动，大约一周后，越冬叶和地下茎开始生长。随着天气变暖，形成新的叶子。

越冬叶片死亡，植物获得营养供应，花芽分化继续，为开花奠定基础。地面开始生长一个月后，花蕾出现。花从顶部打开，逐渐向下开放，可持续半个月。最后一批花蕾是在第一批浆果成熟后形成的，通常不能结果。从开花开始到浆果成熟开始需要约 30 天，整个收获期可持续约 20 天。浆果收获期快结束后，匍匐茎开始生长。

如果气候条件合适，水和肥料的供应足够，匍匐茎很快就会进入旺盛的生长期。这段时期是匍匐茎形成幼苗的最佳时期。当进入 7 月炎热的夏季时，草莓正常生长会受到抑制，在最热的时候，它甚至停止增长，并处于睡眠状态。秋天过后，气候凉爽，草莓开始长叶和幼苗。到 10 月底，气温下降，增长逐渐停止。花芽最初形成，地下茎已经积累了足够的营养，叶片和根茎组织已经成熟和完善。植物的越冬能力也为第二年高产奠定了基础。

（一）温度

1. 根系与温度

草莓的根系是植株健壮的根本。好根系是草莓长势健壮的必要条件，冬季草莓生产根系的养护也是重中之重。在地温 2 摄氏度时，根系开始生长活动；10 摄氏度时新根形成。根系生长的最适温度为 15～20 摄氏度；冬季，10 摄氏度以下，草莓根系发育不良，对养分的吸收困难，特别是磷元素。当气温降到零下 8 摄氏度时，根系会受到冻害。

2. 花芽分化与温度

低温和短日照是花芽分化的充分必要条件。通常，日平均气温 23～24 摄氏度，日照时数为 12.5～13.5 小时，经过 10～15 天的诱导花芽开始分化。低温比短日照对花芽分化的影响更为重要，但 5 摄氏度以下的低温会使花芽分化停止；温度高达 27 摄氏度时，花芽分化也不能进行。

3. 地上茎叶与温度

当温度达到 5 摄氏度时，地上部分开始生长。温度低至零下 4 摄氏度，地上部分会受到冻害，温度低至零下 8 摄氏度，草莓会被冻死。叶片进行光合作用的适宜温度为 20～25 摄氏度，30 摄氏度以上，光合作用下降。在草莓生长季，若温度高于 38 摄氏度，生长会受到抑制，不发新叶，老叶会出现灼伤或焦边。

4. 开花坐果与温度

当平均气温达到 10 摄氏度以上时，草莓花即能开放。授粉受精的临界温度为 11.7 摄氏度，适宜温度为 13.8～20.6 摄氏度。草莓花粉发芽的最适温度为 25～27 摄氏度，开花期低于 0 摄氏度或高于 40 摄氏度都会妨碍授粉，影响种子发育，导致畸形果。果实膨大期白天 18～20 摄氏度是最适宜的温度，白天较高的温度能促进果实着色和成熟，但果个小，采收期提早。在 17～30 摄氏度的范围内积温达 600 摄氏度左右可以着色成熟。平均气温为 20 摄氏度时需 30 天成熟，30 摄氏度时只需 20 天就可成熟。秋末经过霜冻和低温锻炼的草莓苗抗寒力大大提高，芽能耐 -15～-10 摄氏度的低温。

5. 果实与温度

春季气温回升之后，草莓棚中温度白天保持在 20～25 摄氏度，夜间保持在 8～10 摄氏度。这样不仅可以拉大昼夜温差，延长草莓成熟周期，还可以促进下茬花芽分化。

6. 休眠与温度

当秋季温度到达 5 摄氏度以下，短日照，露地草莓进入休眠期。品种不同，种植区域不同，草莓的休眠期有一些差异。半促成栽培，可通过低温、短日照处理来打破休眠，低温是打破休眠的主要因素。

这里列举几个品种休眠对温度的要求：休眠浅的品种，如丰香，5 摄氏度以下经 50～70 小时即可打破休眠。休眠中等的品种，如宝交早生，打破休眠约需 5 摄氏度以下低温 450 小时。休眠深的品种，如盛冈 16，需 5 摄氏度以下低温 1300～1400 小时才可打破休眠。

7. 匍匐茎与温度

匍匐茎发生的适宜条件是每天日照时数在 12～16 小时，气温 14 摄氏度以上。白天温度高至 20 摄氏度以上，而同时夜间温度降至 6 摄氏度以下，会抑制匍匐茎的发生。匍匐茎发生的最佳温度条件是夜晚温度 10 摄氏度，白天温度 23

摄氏度。匍匐茎的发生还与光照强度有关，光照强，有利于匍匐茎的发生。

（二）光照

草莓是喜光作物，对光照的要求有两个方面。一是对光照强度的要求，生长期间叶片周际的光照强度在 2.5 万～6 万勒克斯范围内，光线太强，可以抑制草莓生长。二是对日照长度的要求。草莓在苗期和结果期对日照长度没有严格的要求，从光合作用角度讲，日照时间越长越好，但光照过强并伴随高温时应采取遮光降温措施。

（三）湿度

草莓的根系入土浅，不耐旱，但叶片较多，叶片更新快，因而需水量较多。为了解决需水量大、根系浅而少的矛盾，就必须多浇水，始终保持土壤湿润。一般要求，正常生长期间土壤相对含水量不低于 70%；果实生长和成熟期需水量最多，要求达到 80%；花芽分化期要求水分较少，在 60% 为宜。

草莓既不抗旱，也不耐涝。要求土壤既能有充足的水分，又有良好的透气性。长时间田间积水将会严重影响根系和植株的生长，降低抗病性。严重时会引起叶片变黄、脱落。雨季要注意田间排水。

（四）土壤

草莓是须根系作物，大部分根系分布在 20 厘米浅层土壤中，因此土壤表层结构和质地好坏对草莓的生长有严重的影响。最适合的土壤是保水、排水、通气性良好的富含有机质、肥沃的土壤。草莓对土壤要求不严，沙壤土能促进早发育，前期产量较高，但土壤易干旱，结果期较短，产量低；在黏土上植株生长慢，结果期较迟，但定植后两三年植株发育良好。草莓喜微酸性土壤，以 pH 值 5.5～6.0 为宜。

二、肥水管理

（一）需肥规律

肥料对于草莓来说就是食物，食物供应充足了才能让草莓苗壮成长。不同阶段，草莓对养分的需求有不同的侧重。掌握好这个规律，才能适时供给，均衡养分。

肥料三要素：氮、磷、钾。植物必需营养元素：碳、氢、氧、氮、磷、钾，这六种属于大量元素，其中氮、磷、钾需要人为供给，有些特殊时期也可以人为供给碳元素。

中量元素：钙、镁、硫，其中钙缺乏在生产上较为常见。

微量元素：铁、锰、硼、锌、钼、铜，本来还有氯，但由于草莓属于忌氯作物，因此不需要补充。这些微量元素中铁、硼、锌缺乏在生产上较为常见。

试验表明，每产出 1000 千克草莓，需要氮 6～10 千克，磷 3～4 千克，钾 9～13 千克。氮磷钾比例为 1∶0.4∶1.3。

（二）追肥要点

定植—开花前：草莓对氮、磷、钾的需求量占草莓整个生育期的 20％、16％、14％。从定植到开花前这段时间，草莓主要对氮需求比较多。当然，磷、钾肥也一定要补充，因为磷肥和钾肥影响花芽分化。所以这段时间施肥以平衡型水溶肥为主，辅以氨基酸类或腐殖酸类叶面肥补充中微量元素。

开花—绿果期：此阶段生长旺盛，养分需求量大。这一时期建议以平衡型水溶肥和高钾肥为主，叶面补充钙肥、硼肥及其他微量元素叶面肥。合理施用氮、磷、钾肥，切忌偏施氮肥。这个时期主要是果子膨大的过程，养分供应一定要均衡。钾在此阶段只是搬运工和一小部分材料，有机营养物质、碳、氮、钙才是主要材料。同时，分化的花芽细胞还需要磷、硼、锌的营养物质。

白果—采摘期：这一时期很明显就是草莓的着色成熟期，对钾肥的需求肯定高。因此，施肥方面以高钾肥为主，辅以补充钙肥、硼肥及其他中微量元素叶面肥。注意，在选择高钾肥的时候一定要避免一个误区：钾越多越好。这个想法是错误的，不是越多越好，而是最适合的才是最好的。钾肥施用过多会抑制钙、铁、硼、镁等元素的吸收。

每茬果采完间隙：每茬果采果间隙这一阶段要抓紧时间养秧苗、养根。只有秧苗养分充足，根系长势健壮才能保证下茬果子长得好。此时可以用 20∶20∶20 的平衡型水溶肥养养秧苗，辅以根转化、EM 菌等养护根系。

注意：草莓比较敏感，尤其是冬季生产期，因为温度的关系导致植株对养分的吸收缓慢。适合草莓根系生长的电导率值是 0.5 毫西门子/厘米，超过 0.5 毫西门子/厘米，根系吸收养分、水分受阻。因此，在施肥时一定要遵循少量多次的原则，勤施少施。

（三）二氧化碳肥

二氧化碳亏缺的矛盾日益突出，已成为限制高产的主要因素。据研究，温室中增施二氧化碳会明显提高草莓光合作用效率，并使产量比对照增加 20％～

50％。同时，增施二氧化碳还能增加大果比率，提高果实糖度，从而提高果实的糖酸比。

冬季日光温室通风时间较短，室内严重缺乏二氧化碳，使草莓光合作用效率下降，制约了草莓产量的提高。采用二氧化碳施肥对草莓棚室栽培增产、增收意义重大。

1. 草莓大棚施用二氧化碳气肥时间

二氧化碳施用一般在严冬、早春及草莓生育初期效果好。生产上一般在开花后1周左右开始施用，可促进叶片制造大量有机物，并运送至果实，提高早期产量。二氧化碳最佳施肥时间是9:00～16:00。如果用二氧化碳发生器作为二氧化碳肥源，施肥时间还应适当提前，使揭草苫后30分钟达到所要求的二氧化碳浓度。

2. 草莓大棚施用二氧化碳气肥方法

（1）增施有机肥

增施有机肥是增加温室内二氧化碳浓度的有效措施，因为土壤微生物在缓慢分解有机肥料的同时会释放大量的二氧化碳气体。

（2）使用液体二氧化碳

在温室内直接释放液体二氧化碳，具有清洁卫生、用量易控制等许多优点。液体二氧化碳可以从酒厂获得。

（3）放置干冰

干冰是固体形态的二氧化碳。将干冰放入水中使之慢慢气化或在地上开2～3厘米深的条状沟，放入干冰并覆土。这种方法具有所得二氧化碳气体较纯净、释放量便于控制和使用简单等优点，但成本相对较高，而且干冰不便于贮运。

此外，还可以利用煤炭、液化石油燃烧产生二氧化碳来补偿日光温室中二氧化碳的亏缺。

3. 大棚草莓二氧化碳气肥最佳浓度

草莓二氧化碳施肥浓度依品种、光强度、温度高低和肥水等情况而定，一般接近二氧化碳饱和点的浓度是最适合的。但考虑到成本与效益的关系，过高的浓度即使略有增产，意义也不大。

目前，日本、美国、欧洲诸国多以1000微升/升作为施肥标准进行二氧化碳施肥。对草莓的研究结果表明，随着二氧化碳浓度增加，草莓光合速率增强，约1000微升/升二氧化碳时，光合速率达最大值。近年来，日本多将冬季促成栽培草莓二氧化碳施肥浓度定在750～1000微升/升，3月份以后随着换气量增大，二氧化碳损失增加，施肥浓度最好下调至500微升/升。

4. 常见误区

① 二氧化碳缓释催化剂与二氧化碳发生剂混合不均，袋中可见白色缓释剂成分，二氧化碳发生量少，且出现严重氨气味，会对草莓的生长造成一定的不良影响。

② 二氧化碳发生剂袋不打孔或不封口。二氧化碳发生剂袋上打孔后，二氧化碳会慢慢释放，持续供应草莓生长所需，不打孔或不封口均不利于二氧化碳发生剂作用的发挥。

③ 二氧化碳气体发生剂袋吊挂位置不妥。二氧化碳气体发生剂袋应均匀吊挂在温室内，挂在前墙或后墙处均不利于二氧化碳在整棚内的施放。

④ 二氧化碳气体发生剂更换不及时。二氧化碳发生剂的有效期一般 30 天左右，当二氧化碳气体全部释放完成，袋内只剩下少量黏土成分物质的时候，需及时更换二氧化碳发生剂。

（四）草莓需水规律及浇水要点

草莓生长时间长，需要经常性地不间断浇水，才能确保草莓良好生长、开花和果实膨大。

1. 花期水分管理

草莓花期是指从第一花序第一朵花现蕾到第一果坐住的这段时间，设施条件下一般从 11 月中下旬到 12 月中旬，大约需要 20 天。设施草莓花期要控制浇水，一般浇 1～2 次水即可满足植株需要。

2. 结果初期水分管理

设施条件下草莓结果初期一般在 12 月下旬至次年 2 月，是第一花序果实膨大和第二花序花芽分化和形成的主要时期。此期水肥需要供应充足，一般每 10 天左右浇水 1 次，随水施肥 1 次，每公顷施尿素 7～9 千克，硫酸钾 8～12 千克，叶面喷洒 0.2%～0.3% 的磷酸二氢钾。

3. 结果中期水分管理

设施草莓结果中期一般为次年 2～4 月，此时第一花序中端、末端及第二花序陆续坐果，以促使果实快速膨大，获得稳产、高产。此时浇水不宜过多，以免造成烂果现象。可以通过草莓叶缘吐水现象来判断是否需要浇水，一般情况下每 10 天左右浇水 1 次，随水追肥，每公顷施尿素 7～9 千克，硫酸钾 8～12 千克，叶面喷洒 0.2%～0.3% 的磷酸二氢钾。浇水要在采果后进行，以免土壤和空气湿度过大造成烂果。浇水后要加大通风量，以免湿度过大发生病害。

4. 草莓结果后期水分管理

设施草莓结果后期一般为次年4～5月，此期的管理目标是控肥促水、保芽促果，促使第二花序中端和末端的果实膨大成熟。采取控肥、促水的措施，小水勤灌。

三、植株管理

（一）疏花定果

一年一季结果的草莓（丰香、春香等）一般有2～3个花序，每个花序可着生3～60朵花，花序上高级次的花（晚花）开得晚，往往不孕，成为无效花。所以在开花期、花序分离期，最迟不能晚于第一朵花开放，把高级次的花蕾适时疏除，一般可掌握在疏除总花蕾数的1/5或1/4，以集中养分，保证留下的花长成大果，促使坐果整齐，提高品质，集中成熟，节省用工，增加效益。疏果是在幼果青色时，及时疏去畸形果、病虫果，是疏花蕾的补充。

一年四季开花结果的草莓（如赛娃、美德莱特），只要温度条件合适，可在一年内不断地抽生花序，不断地开花结果，并且花大、果大、产量高。但四季草莓赛娃、美德莱特往往是每个花序只着生一朵花。因此，四季草莓的疏除花果宜早不宜迟。在蕾期及时疏除花柄细、花蕾小、抽生晚的花蕾，保留柄粗、蕾大、抽生早的花蕾。每次保留5～6个花蕾或花。坐果后，再疏除小果、畸形果、病虫果。每期保留4～5个大果。在前一期果子成熟前，再选留5～6朵大花，以保持连续开大花、结大果。

（二）摘除匍匐茎

匍匐茎消耗母株营养，尤其在干旱年份或土壤条件差的情况下，匍匐茎长出后，其节上形成叶丛，不易发根，生长完全靠母株供应养分，不及时摘除既影响当年产量，又影响秋季花芽形成，同时降低植株的越冬能力。

根据资料报道，摘除匍匐茎后平均增产40%。根据栽培制度和栽植方式的不同，对匍匐茎的处理也不同。一年一栽制的果园主要是生产浆果，结完果后再更新茎苗进行生产。这种栽培方式应将定植成活后及入冬前抽生的匍匐茎及时摘除（图1-28），集中养分供植株生长健壮，促进花芽分化，提高越冬能力。在早春至采收前把所有匍匐茎摘除，以节省养分，供植株开花结果，可增加果重和产量。

多年一栽制，在采收前把匍匐茎全部摘除，采收后抽生的匍匐茎留一部分

图 1-28　摘除草莓匍匐茎

繁苗，其余部分全部去除。在专用繁殖区上，在保证繁育子苗数量的基础上，要随时摘除生长后期又从母株上抽出的匍匐茎及干旱期产生的匍匐茎，以减少养分消耗，生产优质大果。以生产果实为主的大果四季草莓，整个生长季必须随时摘除匍匐茎，以生产优质大果，增加经济效益。

（三）劈老叶

草莓一年中叶片不断更新，在整个生长季节要不断摘除下部老叶，才能促进上部新叶的生长。

1. 基本概念

我们先了解功能叶和非功能叶的概念。功能叶：能够进行光合作用，积累有机物，并把有机物运送到经济产量中心或生长中心的叶片。非功能叶：光合作用速率降低，白天积累的有机物少于或等于晚上呼吸消耗的，不能进行有机物积累的叶片。

草莓植株下部叶片呈水平着生，并开始变黄（图 1-29），叶柄基部已经离库，说明叶子已失去光合作用的机能，并且可再次利用的养分已经逐渐回流到母体，应及时从叶柄基部去除。

2. 留叶原则

① 苗期，定植后 20 天劈叶后留 2～3 片功能叶，1 片心叶。

② 现蕾期，劈叶后留 5～6 片叶。

③ 花果期，劈叶后留 8～12 片叶。

3. 劈老叶方法

北方地区，如丹东，一般是随时劈叶，跟着疏花疏果，顺带把老叶、病叶就劈掉了。

南方很多地区不进行疏花疏果，留果留叶较多，一般 12 片以上，一般是一茬果结束后会劈一次叶，以促进植株迅速恢复长势。

图 1-29　草莓老叶

4. 注意事项

① 劈叶要选在晴天上午露水退了之后，下午太阳落山前进行。不在阴雨天气进行劈叶，阴雨天病菌容易从伤口进入草莓体内发生病害，从而造成死苗现象。

② 劈叶要适时，不要等叶柄处已经枯萎腐烂再摘叶，这样容易引发病害，造成死苗，也不要过早劈掉老叶，让老叶中的养分充分回流到母体。

③ 摘下来的叶片要及时装袋带出温室，集中处理，不可在温室内堆放，造成病虫害的传播。摘除老叶的过程中，若发现有红蜘蛛或者白粉病等有病害的叶片，也要及时摘除，摘除后要尽快放入袋子中，及时带出温室。

④ 去除老叶时要注意，不可直接拔下老叶，要扶好植株，向相反方向倾斜，去除老叶叶鞘，对于有晃动的植株要一只手扶住根茎部，另一只手摘下叶片，切勿在去除叶片时伤到植株根系。

⑤ 不建议劈叶太狠，老叶体内还有很多元素可以提供给新叶，如氮和磷。

⑥ 劈叶后要及时进行病虫害的防治，最好能前面打药，后面跟着进行病虫害防治，可以先进行白粉病、灰霉病等病害的防治，再进行虫害的防治。

（四）果实垫草

草莓开花后，随着果实增大，花序逐渐下垂触及地面，易被土壤污染，影响着色与品质，又易引起腐烂，故在不采用地膜覆盖的草莓园应在开花 2～3 周后，在草莓株丛间铺草，垫于果实下面，或把草秸围成草圈，把果实放在草圈上。

（五）授粉

设施种植的草莓一般在较寒冷的时节开花，此时设施内环境封闭无风，外界昆虫无法进入，草莓借助风力与昆虫授粉已不可能，而且设施内气温低，湿度大，易造成草莓花授粉不良。仅靠自然授粉草莓的产量低，个头小，还容易发生畸形。

人工辅助授粉费工费时，效果不好，同样容易造成草莓授粉不良，产生畸形果，致使草莓品质下降和减产。相比自然授粉和人工授粉，利用蜜蜂为草莓授粉可更好地解决草莓授粉问题。蜜蜂授粉对农作物的最直接的贡献就是提高农作物产量，改善果实品质。在设施栽培条件下，利用蜜蜂授粉已成为草莓丰产栽培的必备措施。

蜜蜂授粉之所以比人工授粉和自然授粉效果都要好，是因为蜜蜂不间断地在田间飞行活动，每分钟都要到花的柱头上擦过几次，蜜蜂会在花柱头活力最强的时候将花粉传到上面，使花粉萌发，实现受精。

人工授粉每天只能进行一次，因为速度慢，从早上到晚上也未必能完全授粉一次，就算一天能授粉一次，也会因为上午开的花拖到下午或者第二天上午授粉而错过花柱头活力最强的时间，这样势必造成受精不佳，从而影响产品的产量和质量。这也是蜜蜂授粉效果好的主要原因。

蜜蜂授粉时花柱头上的花粉多，受精充分，这样就不会因为某一个子房的胚珠未受精而影响果实的发育造成畸形果，从而提高果实的商品质量。

（1）时间

在草莓初花期将蜂群放入设施。应选择傍晚时将蜂群放入棚室，授粉蜂群放置好后，不要马上打开巢门，可进行短时间的幽闭，第二天天亮前蜂群安定后打开巢门，让蜜蜂试飞，排泄，适应环境。同时补喂花粉和糖浆，刺激蜂王产卵，提高授粉蜜蜂的积极性。

（2）数量

授粉蜂群数量由设施的面积决定。对于面积为 500～700 平方米的普通日光温室，一个标准授粉群（3 脾蜂/群）即可满足授粉需要；对于面积较小的温室，则应适当减少蜜蜂数量。但是群势不能太小，否则蜜蜂难以正常发育，从而影响授粉效率；对于大型连栋温室，则按一个标准授粉群承担 600 平方米的面积配置，保证每株草莓一只蜜蜂。

（3）摆放

如果一个温室内放置1群蜂，蜂箱应放置在棚室中部；如果一个温室内放置2群或2群以上蜜蜂，则将蜂群均匀置于温室中；蜂箱应放在作物垄间的支架上，距地面30～50厘米左右，巢门朝南朝北均可，建议巢门向南或向东南方向，便于蜜蜂定向采集，蜂箱应远离二氧化碳装置。蜂群放置后不可任意移动巢口方向和蜂群位置，避免蜜蜂迷巢。

（4）蜂群管理

① 保温：温室内夜晚温度较低，蜜蜂结团，外部子脾常常受冻。为此，晚上应在副盖上加草帘等保温物，维持箱内温度相对稳定，保证蜂群能够正常繁殖。

② 喂水：温室内蜂群的喂水通常有两种，一是巢门喂水，采用喂水器进行喂水；二是在蜂箱前约1米的地方放置一个碟子，每隔2天换一次水，在碟子里面放置一些草秆或小树枝等，供蜜蜂攀附，以防蜜蜂溺水死亡。

③ 喂糖浆：温室内大多数作物因面积和数量有限，花朵泌蜜不能满足蜂群正常发育，尤其为蜜腺不发达的草莓等授粉时，通常在巢内饲喂糖水比为2∶1的糖浆。

④ 喂花粉：花粉是蜜蜂饲料中蛋白质、维生素和矿物质的唯一来源，对幼虫生长发育十分重要。通常采用喂花粉饼的办法饲喂蜂群。花粉饼的制法是选择无病、无污染、无霉变的蜂花粉，用粉碎机粉碎成细粉状；将蜂蜜加热至70摄氏度趁热倒入盛有花粉的盆内（蜜粉比为3∶5），搅匀浸泡12小时，让花粉团散开。如果花粉来源不明，应采用高压或者微波灭菌的办法，对花粉原料进行消毒灭菌，以防病菌带入蜂群。每隔7天左右喂一次，直至授粉结束为止。

⑤ 调整蜂脾关系：设施内特别是日光温室的昼夜温度、湿度变化大，容易使蜂具发生霉变而引发病虫害。在授粉后期，对于草莓等花期较长的作物，要及时将蜂箱内多余的巢脾取出，保持蜂多于脾或者蜂脾相称的比例关系。

⑥ 防治蜜蜂敌害：冬季天气寒冷，老鼠在外界寻觅食物困难，较易钻进保护地，咬巢脾、吃蜜蜂，严重扰乱蜂群秩序。有调查研究结果显示，80%的温室都会发生不同程度的鼠害，严重影响蜜蜂的授粉工作，可采取放鼠夹、堵鼠洞等一切有效措施消灭老鼠，同时缩小巢门，防止老鼠从巢门进入。

⑦ 蜜蜂不工作：如蜜蜂不工作，可以掐一些草莓花朵放到箱内糖浆盒内，促进蜜蜂授粉。

（5）注意事项

① 隔离通风口：用宽约 1.5 米的尼龙纱网封住温室通风口，防止温室通风降温时蜜蜂飞出温室冻伤或丢失。

② 控温控湿：蜜蜂授粉时，温室温度一般控制在 15～35 摄氏度。中午前后通风降温时，温室内相对湿度急剧下降。对于蜜蜂授粉的温室，可以通过通风、洒水等措施保持温室内湿度在 40% 左右，以维持蜜蜂的正常活动。

③ 作物管理：放入授粉蜂群前，对草莓病虫害进行一次详细的检查，必要时采取适当的防治措施，随后保持良好的通风，去除室内的有害气体。授粉结束后，根据生产需要调整温度、湿度，加强水肥管理和病虫害防治。

④ 用药：在草莓开花前，不能使用残留期较长的农药。在开花期间，要避免使用毒性较强的杀虫剂如吡虫啉、毒死蜱等。如果必须施药，应尽量选用生物农药或低毒农药。授粉期间，严禁使用一切对蜜蜂有毒害作用的药物防治植物病害。温室大棚空间狭小且封闭，空气流通不畅，少量毒气就会给蜂群造成严重危害。

四、防寒管理

（一）防霜

草莓植株矮小，靠近地面生长，对霜冻很敏感，霜冻会使幼叶、花、幼果受害。刚伸出未展开的幼叶受冻后，叶尖与叶缘变黑。正开放的花受害较重，通常雌蕊完全受冻变色，花的中心变黑，不能发育成果实。受害轻时只有部分雌蕊受冻变色，而发育成畸形果。幼果受冻呈油渍状。

在零下 1 摄氏度时，植株受极轻度损害，零下 3 摄氏度以下时，受害重。在同一低温情况下，植株受害程度也不同，这与植株暴露于低温时间的长短，以及花正处于哪一个物候期有关。如低温持续几个小时，又正值开花期则受害严重，当年产量损失较大。

但草莓花期长达 20 天左右，当时未受冻的花也能有一些产量。但草莓花序上最先开始的中心花所形成的果实最大，霜冻往往引起早期大型果受损失，对产量影响很大。

在草莓花期经常有晚霜的地区，要做好预防工作。如选通风良好的地点栽种草莓是基本要求，加上延迟撤除的防寒物能明显延迟开花物候期，这样就可以避免霜害。有条件时还可采取其他措施如熏烟、喷灌等。

（二）防寒越冬

草莓在北方无稳定积雪的地区，冬季必须覆盖防寒物才能在地里安全越冬。覆盖防寒还可保留较长的绿叶越冬，以利早春生长。有的地区对覆盖不重视，在有的年份不覆盖或未认真覆盖，越冬后植株虽未冻死，但表现为萌芽晚，生长衰老，产量明显降低。

因此要达到稳产、高产的目的应适时细致地覆盖防寒物。初冬温度下降，当草莓植株经过几次霜冻低温锻炼后，温度降到零下 7 摄氏度之前进行覆盖。土壤封冻前灌一次封冻水，水冻结后用麦秸、稻草、玉米秸、树叶、腐熟马粪或土作为覆盖材料，可因地制宜选用。覆盖厚度：河北、山东 5～6 厘米，内蒙古、东三省 8～15 厘米。一定要细致、压实、不透风，才能收到好效果。若用土覆盖，最好先少量覆一层草，再覆土，以免撤土时损伤植株。积雪稳定的地区可不进行覆盖，而在园地周围立风障。冬季严寒、春风大的地区除覆盖外，也可加立风障。

春季开始化冻后，分两次撤除防寒物。第一次在平均气温高于 0 摄氏度时进行，撤除上层已解冻的防寒物，以便于利用中午的阳光提高地温。尤其在冬季雨雪过多的情况下，更需要及时除去，以便蒸发过多的水分，有利于下层防寒物迅速解冻。第二次在地上部未萌发生长前进行，过迟撤防寒物易损伤茎和芽。防寒物撤除后，待地表稍干，进行一次扫除，将枯烂茎叶集中后烧掉，以减少病虫害。

五、病虫害防治

（一）生理性病害

1. 嫩叶日灼病

（1）危害

中心嫩叶叶缘急性干枯死亡，干死部分褐色或者黑褐色。由于叶缘细胞死亡，而其他部分细胞迅速生长，所以受害叶片多数像翻转的酒杯或者汤匙，受害叶片明显变小（图 1-30）。

（2）病因

① 受害植株根系发育较差，新叶过于柔嫩，特别是雨后暴晴，叶片蒸腾，是一种被动保护反应，但可削弱草莓生长势。如果经常喷洒生长素，会阻碍根系发育，加重发病。

② 喷施赤霉素浓度过大或在干旱高温时喷施用药。

③ 缺钙、硼元素或偏施氮肥，造成根系对钙、硼吸收障碍。

（3）防治方法

① 健壮秧苗，在土层深厚的田块种植草莓，以利于根系发育。

② 喷施赤霉素要严格控制浓度，同时要避免在高温干旱时用药。

③ 增施有机肥的同时，施用根系调理剂，改善草莓根系生长发育环境，增强根系吸收能力。

④ 叶面喷施高钙叶面肥和营养液，起到促长复壮的目的。

彩图：嫩叶日灼病

图1-30 嫩叶日灼病

2. 生理性白化果

（1）危害

草莓生理性白化果表现为浆果成熟期褪绿后不能正常着色，全部或部分果面呈黄色或淡黄白色，色界明显，白色部分种子周围常有一圈红色，病果味淡、质软，果肉呈杂色、粉色或白色，很快腐败（见图1-31）。

（2）病因

该病的主要成因是低光照和低糖，属于生理性病害，浆果中含糖量低和磷、钾元素不足易导致此病发生。施氮肥过多、植株生长过旺的田块，着果多而叶片生育不良的植株，以及果实中可溶性固形物含量低的品种易发生白果病，如果结果期天气温暖而着色期冷凉多阴雨，则发病加重。

（3）防治方法

草莓生理性白化果的防治方法：一是多施有机肥和完全肥，不过多偏施氮肥；二是选用适合当地生长的品种和含糖量较高的品种；三是采用保护地栽培，适当调控温度、湿度。

彩图：生理性
白化果

图 1-31　生理性白化果

3. 生理性叶烧

（1）危害

草莓生理性叶烧表现为在叶缘发生茶褐色干枯，一般在成龄叶片上出现，轻时仅在叶缘锯齿状部位发生，严重时可使叶片大半枯死。枯死斑色泽均匀，表面干净，无 V 型褐斑病、褐色轮斑病、叶枯病、褐角斑病、叶斑病等侵染性病害所特有的症状（见图 1-32）。一般雨后或灌水后旱情缓解，病情也随之缓和或停止发展。

彩图：生理性叶烧

图 1-32　生理性叶烧

（2）病因

草莓生理性叶烧的发生是由于春、夏干旱高温，叶片失水过多，叶缘缺水枯死。施肥过量，土壤溶液浓度过高，根系吸水困难导致植物体严重缺水也会发生这种叶烧症状。天旱高温病情会加重。

（3）防治方法

草莓生理性叶烧的防治：一是根据天气干旱情况和土壤水分含量情况适时补充土壤水分；二是不过量猛施肥料，施肥后要及时灌水。

4. 草莓帚状乱形果

（1）危害

草莓帚状乱形果即所谓的鸡冠状果（图1-33），果形不规则，第一花序的花由伞状集合成扫帚状，大部分是双果，也有多头果，严重影响草莓商品价值。

图1-33 鸡冠状果

（2）病因

在生长点花芽分化时，同时有两朵以上的花开始分化，另外，花芽分化的营养处于氮多硼少状态。缺硼会使花器细胞分裂失调，花芽畸形，形成大而扁的花蕾，现花蕾时2～3枝花梗同时开花，从而形成鸡冠形果、双头果或多头果。

（3）防治方法

避免在花芽分化期氮素营养过剩，施肥后及时浇水，防止伤根，以利于硼素吸收。补充各种微量元素肥料，一般种植行每米追施钙、硼、锌、铁等复合微肥1～2克。在花芽分化前使植株多接受光照，积累同化产物。

5. 草莓畸形果

（1）危害

大棚草莓在种植过程中常会出现果实过肥或过瘦，呈鸡冠状、扁平状等畸形形状（见图 1-34），这种果实不但影响草莓品质，而且也降低了商品价值。

图 1-34　畸形果

（2）病因

开花期肥水及温度、湿度、光照条件不良；开花授粉期，温度低于 10 摄氏度或超过 40 摄氏度，均不利于授粉，使受精不良，会产生各种畸形果；施药不当杀死了传粉昆虫，影响授粉、受精而产生畸形果。覆盖黑色地膜时，温度过高可引起畸形果；开花期喷施农药，会使喷药当天和次日开的花产生畸形果。

（3）防治方法

① 选用育性高的品种，如宝交早生等；种植育性低的品种时，应混种授粉品种。

② 避免偏施过施氮肥，保持土壤湿润，以利植株对硼的吸收。

③ 保护地草莓开花期注意防寒和防高温，防止白天出现高于 45 摄氏度、夜间出现低于 12 摄氏度的室温。光照强的地区慎用黑色地膜。

④ 保护地草莓开花期可放养蜜蜂传粉。

6. 草莓雌蕊退化

（1）危害

草莓雌蕊退化（图 1-35）表现为柱头极小，不发达，花托不膨大，雌蕊退化（或无雌蕊）至最后变黑枯死，不能完成授粉过程，不结果。雄蕊正常。

（2）病因

草莓雌蕊退化的发病原因，一是缺硼，硼能促进糖转移，并影响核酸代谢。花蕊缺硼，发育便会受到阻碍。还有另一种可能是在促成和半促成栽培中，为了缩短休眠期、促进现蕾开花进行赤霉素处理和高温处理，当处理不当时便会引起生理失调，植株徒长和器官畸形，雌蕊变态花托膨大受阻，形不成果实。

彩图：草莓雌蕊退化

图 1-35　草莓雌蕊退化

（3）防治方法

① 多施充分腐熟的优质有机肥，不要过多施用化肥，尤其在施用钾肥时注意不要过量。

② 补充硼肥。亩施用硼砂 2～2.5 千克作基肥，和有机肥一起堆沤。

③ 严格控制土壤湿度，不能长时间超过田间最大持水量的 80%。

④ 适时适量使用赤霉素，保持适宜温度。以浓度 5 毫克/千克左右的赤霉素处理效果最好。要求白天温度 22～25 摄氏度，夜晚 13～15 摄氏度。

⑤ 一般情况下，发生休眠现象只是在低温环境中，如果加强保温升温措施，使温度保持在 7.2 摄氏度以上则不会产生休眠或仅有较短时间的休眠。

7. 草莓冻害

（1）危害

草莓冻害一般在秋冬和初春期间气温骤降时发生，有的叶片部分冻死干枯，有的花蕊和柱头受冻后柱头向上隆起干缩，花蕊变黑褐死亡，幼果停止发育干枯僵死（见图 1-36）。

（2）病因

冬时绿色叶片在零下 8 摄氏度以下的低温中可大量冻死，影响花芽的形成、发育和来年的开花结果。在花蕾和开花期出现零下 2 摄氏度以下的低温，雌蕊和柱头即发生冻害。通常是越冬前降温过快而使叶片受冻；而早春回温过快，促使植株萌动生长和抽蕾开花，这时如果有寒流来临，冷空气突然袭击骤然降温，即使气温不低于 0 摄氏度，由于温差过大，花器抗寒力极弱，不仅使花朵不能正常发育，往往还会使花蕊受冻变黑死亡。花瓣常出现紫红色，严重时叶片也会受冻呈片状干卷枯死。

彩图：草莓冻害

图 1-36 草莓冻害

（3）防治方法

草莓冻害的防治方法：晚秋控制植株徒长，越冬及时覆盖防寒。早春不要过早去除覆盖物，在初花期于寒流来临之前要及时加盖地膜防寒或熏烟防晚霜危害。若在晚秋冬季和初春遇冷空气影响，气温下降到 0 摄氏度以下，必须及时增加覆盖内膜，必要时可覆盖二层内膜，或在大棚内增设加温设施，以防冻害。

8. 植物生长调节剂药害

（1）危害（图 1-37）

① 喷赤霉素过量致使叶柄特别是花茎徒长，从而花小、果小，严重影响产量。喷施三唑类药物如多效唑过量致使植株过于矮化紧缩。而赤霉素浓度过高或用药量过多，就会使植株旺长。叶柄和花序梗生长过长，限制了草莓果实的生长造成长穗小果，从而造成严重减产。

② 乙烯利是促进成熟的植物生长调节剂，可以调节植物生长、发育、代谢等生理功能，促进果实成熟及叶片和果实的脱落，矮化植株。使用过量或过早，易使果实减产、植株生长受抑制和生长衰竭。

③ 多效唑是一种植物生长暂时性延缓剂，可以抑制植物体内赤霉素的合

成，控制茎秆伸长，使用浓度超过 500 毫克/升，因抑制作用太强，植株矮缩，会造成减产。

④ 膨大素刺激性过快，幼果果肉细胞生长和伸长速度过度，膨大速度超过生长速度，造成空洞、畸形果。

图 1-37 生长调节剂药害

（2）防治方法

掌握好植物生长调节剂用药时机，单一用药，目标准确，切忌随意增加或减少药剂种类或浓度。

9. 僵化果

（1）危害

草莓僵化果虽然生理成熟，但果个极小、口感差、木栓化、质地硬，失去食用价值和商品价值（图 1-38）。

彩图：草莓僵化果

图 1-38 草莓僵化果

（2）病因

① 花芽分化期或花期温度过高或过低，花器官发育不良或受精不良，同化物质供应不足，或者结果过多，失去营养竞争能力，致使种子与果肉胶状物形成受阻，果实膨大速度缓慢。

② 开花结果期温室内相对湿度大于85％以上，花药不易开裂，子房受粉不完全，也易使果实变形，形成畸形果。

③ 氮肥施用过多，致植株营养生长过盛，生殖生长受到抑制，对锌、硼、钾等元素的吸收受阻，或生殖阶段缺乏钾、锌、硼等元素形成僵果。

④ 地温低或土壤板结，或其他叶片、果实争夺养分，或留果过多，或植株营养不良，或早衰，或土壤养分不足，或植株根系生长发育受抑制，影响了果实膨大所需养分的供应。

⑤ 因苗期植株徒长，矮壮素处理浓度偏高，抑制了植株的正常生长发育，植株节间极短，叶片簇拥且小而厚，果实不发育。

（3）防治方法

① 重施有机肥，培肥土壤，促进土壤团粒结构的形成，保水保肥，为植株根系生长发育提供优良的环境。施肥营养要素配合适当，建议根据草莓时期的不同及长势的区别，选用不同配方的水溶肥，注意防止土壤偏氮。在施肥量上做到既不缺，也不超，以充分满足草莓植株生长发育的生理需要。

② 通过控制保护地设施的手段，充分满足草莓不同生育期对温度、光照、湿度的不同需求。尤其是草莓花期和果实膨大期更要调控好养分、光照、温度、湿度等条件为果实膨大打下良好的基础。

③ 提高地温，以促进养分吸收和体内代谢活动。同时追施生长调节剂和钾、锌、硼等营养元素，为植株补充充足的养分。

④ 冬季如遇阴雪天光照弱或夜温高的情况，植株白天制造的营养少，而夜间消耗却较大，可采取夜间补充光照或降低夜温到最低或增施二氧化碳肥等措施，减少营养消耗，使僵果减少。疏花疏果，控制结果量；定期检查，随时疏除畸形果、僵化果。

10. 缺钙

（1）表现症状

草莓缺钙，不仅果实会变软，新叶也会有症状（图1-39）。钙在草莓植株体内不易移动和重新分配，大量的钙存于叶片中，老叶中多，而幼叶中少，因此缺钙会使嫩叶和分生区首先受害。一般多发生在草莓开花前现蕾时，新叶端部产生褐变或干枯，小叶展开后不恢复正常。主要症状同叶焦病，果实发育着色减慢，幼叶叶缘坏死，根尖生长受阻和生长点受害，注意与病毒病区分。缺钙会导致草莓植株的根短粗、色暗，随着缺钙加重而逐渐呈淡黑色，浆果表面会有密集的种子覆盖甚至可布满整个果面，果实组织变硬、味酸。

彩图：草莓缺钙症状

图 1-39　草莓缺钙症状

（2）缺钙原因

① 缺水。土壤水分缺乏，钙的溶解量下降，再加上冬季温度低，根系活力差，对养分的吸收利用率降低。溶解不足，吸收利用率降低，这就导致最终进入作物体内的钙不足。

② 根系不健康。草莓主要靠蒸腾作用的拉力进行对钙的吸收，根系活力差和叶片蒸腾拉力弱容易导致草莓对钙的吸收障碍，尤其连阴天容易发生。

③ 沉降。钙离子与硫酸根、磷酸根、碳酸根以及硼酸根混在一起容易生成沉淀，形成沉淀后钙元素只能留在土壤中，不能被作物吸收。

④ 拮抗作用。氮肥施用过量会减少作物对钙的吸收，钾和钙之间也有拮抗作用。钙肥施用不当，会诱发作物产生锌、硼、铁等的缺乏症。总结一下：钾、氮、锰、镁、铁与钙离子的关系是相互抑制的，所以钙非常容易被拮抗，草莓吸收起来更加困难。

（3）补钙时期

一般情况下在草莓现蕾期、幼果膨大期、采果后以及低温阴天的时候需要进行钙元素的补充。现蕾期补钙主要是促进花器的正常发育，减少畸形果；幼果膨大期钙素能够促进果实正常生长发育，适时补充钙素能减少僵果现象；采果后因为上茬果对钙素的吸收利用导致作物体内钙素含量降低，因此需要及时补充避免出现缺钙现象；低温阴天根系活力低，作物的蒸腾拉力弱，植株对钙素的吸收会减弱，所以要进行人工补充。

（4）补钙方法

钙素的补充一般都采用喷施叶面肥的方式进行。一些种植户补钙的时候用磷酸钙或者硝酸钙，然而实际上磷酸钙主要补充的是磷，而硝酸钙主要补充的是氮，这二者不作为叶面肥使用。鉴于钙素的难移动性以及易沉淀的特性，叶面喷施补充钙素效果最佳。现在一般都用糖醇钙、氨基酸钙、螯合钙等比较多。

（5）注意事项

① 草莓表现出缺钙症状时，不要再过度施用钾肥和氮肥。

② 根系可施用一些腐殖酸、EM 菌等提高根系活力，促进草莓根系对钙的吸收。

③ 建议浇水少量多次，增加土壤中钙素的溶解量，保证土壤中有足够的钙素供给草莓。

④ 螯合态的钙和硼可以一起使用，但如果是单一硼肥和钙肥不要混在一起使用。

11. 缺钾

（1）表现症状

缺钾的症状常在结果以后出现。老叶变紫黑色，干枯，而最幼的叶片依然健康（图 1-40）。变色开始于叶缘处，向叶基部发展，并影响叶脉间的组织。叶柄和叶片下部变黑、变干。最幼的叶片不显症状，这可以区分缺钾和缺硼。受影响的植株，果实着色不全，尝起来无味儿。缺钾的典型症状是：下位叶叶尖黄化变褐。

（2）缺钾原因

① 土壤不保肥。沙土透水透肥好，水肥在土壤中留不住，从而导致施进土壤中的肥水流失。

② 土壤有机质缺乏。土壤地力贫瘠，在施肥时有机肥、钾肥施用少，导致土壤缺钾。

③ 拮抗作用。土壤里氮肥施用过多，对钾的吸收有拮抗作用。

④ 根系不好。根是作物生长的根本，无根不立，草莓的根系一旦出现问题，对无机盐离子的吸收就会降低，因此养根是关键。

（3）补钾时期

钾对作物来说属于大量元素，作物的需求量很大，因此在草莓的整个生育期内都要进行补充。只是不同生育时期对钾的需求量多少有些差异，因此需要适时调整肥料比例。例如育苗期间和草莓开花之前，这一段时间以平衡肥为主；草莓进入开花结果期后，则需要进行高钾肥的补充，但需注意高钾肥的钾含量不能太高。

彩图：草莓缺钾
症状

图 1-40　草莓缺钾症状

（4）补钾方法

一般在下基肥的时候可以施用完全腐熟的厩肥，能减轻缺钾现象。也可在下基肥时施用硫酸钾、硝酸钾型的三元复合肥等。或追施平衡型水溶肥、叶面喷施 0.1%～0.2%磷酸二氢钾、草木灰浸出液等皆可。

（5）注意事项

① 草莓不同生长发育时期对钾的吸收不同，因此要根据当前草莓所处的生长发育时期调整施肥比例。

② 钾在作物体内起着至关重要的作用，但钾过多会导致草莓果子僵住，因此在果期施用的高钾肥尽量不要多施。

③ 冬季草莓对肥料的利用率下降，因此建议少量多次施肥，尽量不要一次施入过多的肥料，这样不仅起不到补充养分的作用，还容易造成烧根现象，影响草莓的生长发育。

④ 草莓栽培过程中后期追肥是很重要的，千万不要抱着前期基肥施充足，后期一点肥料都不追的态度。这样的做法不仅会使土壤中肥料过剩，导致土壤盐分积累，还会影响草莓后期的生长成活。

12. 缺磷

（1）表现症状

草莓缺磷时，生长发育迟缓，植株矮小纤细，最初表现为叶片深绿色，比正常叶片小。缺磷进一步加重时，部分品种上部叶片呈黑色，下部叶片的特征为淡红色或紫色，近叶缘的部分和较老叶片也会呈紫色（图1-41），缺磷后草莓果实偶尔有白化现象。根部生长正常，但顶端生长受阻，生长缓慢。

彩图：草莓缺磷
症状

图 1-41　草莓缺磷症状

（2）缺磷原因

土壤中的磷都沉淀了，有效磷含量低；根系不好，吸收成问题；管理粗放，追肥时忽略了磷的补充；补充方式不对，或肥料使用方式不妥。

（3）补磷时期

草莓后期的生长发育过程中对磷元素的需求有一个高峰期，所以后期追肥也很重要。草莓对磷元素的需求高峰实际上是在果期糖分开始积累的时候。因此，在果期除了补充高钾肥，还要注重磷的补充。通常情况下，高钾型水溶肥中的磷的含量就可以了，因此没必要特意用高磷的肥料。

（4）补磷方法

① 基肥：下基肥的时候可以施入一些磷肥，同时磷肥和有机肥一起施用可以减少土壤对磷的吸收和固定。

② 追肥：可以采用叶面喷施磷酸二氢钾或冲施大量元素水溶肥的方式来追肥补充磷元素。

（5）注意事项

① 施用磷肥的同时要注意配合使用氮和钾，平衡施肥，同时及时补充中微量元素。

② 注意根据土壤酸碱性来确定施肥的种类，如碱性土壤适宜施用生理酸性肥料，植株能更好地吸收。

③ 草莓出现缺磷现象时可喷施磷酸二氢钾，症状缓解后还是要进行土壤

补充磷肥。

④ 施肥的量一定要掌握好，过量施肥会造成肥害，因此不建议一次施用过多的肥料。

13. 缺氮

（1）表现症状

草莓植株的缺氮症状的显著性取决于叶龄和缺氮程度。一般刚开始缺氮时，特别在生长盛期，叶片逐渐由绿向淡绿色转变（图1-42）。随着缺氮的加重，叶片变成黄色，局部枯焦而且比正常叶略小。幼叶或未成熟的叶片，随着缺氮程度的加剧，叶片反而更绿。老叶的叶柄和花萼则呈微红色，果实常因缺氮而变小。轻微缺氮时，棚内往往看不出来，并能自然恢复，因为土壤的硝化作用可以释放氮素缓解。

彩图：草莓缺氮症状

图1-42 草莓缺氮

（2）缺氮原因

土壤贫瘠，没有正常施肥容易造成缺氮现象；生产管理粗放，田间杂草没有及时铲除；草莓根系不好，土壤中的养分吸收不上来；黏性土壤、土壤中有机质的固定、转变为氨挥发以及硝酸盐的淋失都是造成土壤氮素无效化的原因。

（3）补氮时期

氮素作为草莓生长所必需的元素，同时也是大量元素，在整个生育期内都应进行补充，只不过不同时期所需的氮素多寡不同而已。例如前期一般都是施用平衡型水溶肥进行补充，而进入结果后一般会控制氮肥的用量，尽量少用。但在草莓的整个生长过程中，不可单施氮肥。

（4）补氮方法

氮肥一般在下基肥的时候会补充一部分，对于草莓来说，最好施用硫酸钾型或硝酸钾型三元复合肥。后期追肥则是通过冲施水溶肥的形式进行补充，若出现缺氮现象，可叶面喷施氨基酸类叶面肥进行补充。

（5）注意事项

① 氮肥不可过度施用，否则会出现植株过于幼嫩、生长失调只长秧苗不开花结果、果子着色不良、果实品质下降等症状。

② 出现缺氮现象时最好施用氨基酸类叶面肥进行缓解，最好不要用尿素。

③ 田间杂草等要及时清除，日常管理中最好不要一次施用太多肥料，建议少量多次勤施。

④ 保证根系健壮，适期冲施微生物菌剂如 EM 菌或养根的肥料。

⑤ 切忌偏施氮肥。

14. 微量元素缺乏

（1）原因

导致草莓微量元素缺乏的因素很多，其中主要因素有气象、土壤和生产管理。

气象因素：气象条件是通过影响土壤间接影响微量元素的吸收。

土壤因素：土壤理化性质、地温、湿度等都会影响草莓对养分的吸收。尤其是当土壤中过度施用某一种肥料时会很可能抑制其他元素的吸收，即元素之间的拮抗作用。

管理因素：日常管理不当，如土壤消毒后没有及时补充益生菌、土壤改良不到位效果不明显等。

（2）措施

新地在种植草莓前最好做一下土壤检测，根据土壤情况确定合理的施肥方案。土壤情况差的要及时进行改土，如增施有机肥、定期补充微生物菌等。堆肥和有机肥能有效补充中微量元素，避免缺乏。

浇水要根据棚室的实际情况，尤其是冬季，浇水时间最好是上午九十点左右，有条件的最好有蓄水池，将水先放好晾几天再浇。注意，冬季浇水一定要保证水温和地温接近才能起到最好的效果。

平衡施肥，肥料是作物生长过程中不可缺少的部分。尤其是冬季草莓生产过程中，因为温度的关系草莓对养分的吸收比较慢，这时施肥以少量多次勤施为主。不同生育时期对营养元素的需求不同，因此肥料种类要根据草莓当前所处的生育期来进行调整。如定植时主要以平衡型水溶肥为主，叶面辅以氨基酸或腐殖酸类叶面肥。开花现蕾期叶面肥以硼肥为主，可以促进花粉的萌发和花粉管的伸长。结果期叶面可酌情多施钙肥，能起到提高草莓硬度的作用。如果植株表现出某一元素缺乏症，可叶面喷施含有该元素的叶面肥及时缓解症状。有时土壤干燥也是引发缺素的原因，因此要保证土壤始终处于合适的湿度范围。

（二）侵染性病害

1. 炭疽病

炭疽病主要危害匍匐茎、叶柄、花茎和短缩茎，匍匐茎、叶柄、花茎发病症状都表现为近黑色的纺锤形病斑、稍凹陷，长 3～7 毫米。短缩茎发病时能导致整个草莓植株的死亡，病株起初是 1～2 片嫩叶失去生机下垂，逐渐枯死，无病新叶不矮化、黄化或畸变，枯死切面从外到内变红褐色，但维管束不变色（图 1-43）。防治重点是育苗中后期至开花前。

推荐用药：吡唑醚菌酯，嘧菌酯，氟啶胺，二氰蒽醌，咪鲜胺及锰盐，溴菌腈，三唑类杀菌剂（苯醚甲环唑，戊唑醇，腈苯唑）。

彩图：炭疽病

图 1-43　炭疽病

2. 白粉病

白粉病主要危害叶、果实，在果梗、叶柄和匍匐茎上很少发生。叶片发病初期在叶背面长出薄薄白色菌丝，后期菌丝密集成粉状层，严重时叶片正面也滋生菌丝。花和花蕾受侵害后，花萼萎蔫，授粉不良，幼果被菌丝包裹，不能正常膨大而干枯。果实后期受害时，果面裹有一层白粉，严重时整个果实如同一个白粉球（图 1-44），完全不能食用。

推荐用药：四氟醚唑，乙嘧酚或乙嘧酚磺酸酯，醚菌酯，露娜森，健达，绿妃。

彩图：白粉病

图 1-44　白粉病

3. 灰霉病

灰霉病主要危害花器和果实。花器发病时，初期在花萼上出现水浸状小点，后扩大成近圆形至不规则形病斑，病害扩展到子房和幼果上，最后幼果腐烂。湿度大时，病部产生灰褐色霉状物。青果容易发病，柱头呈水浸状，发展后形成淡褐色斑，并向果内扩展，引起果实湿腐软化，潮湿时病部也产生灰褐色霉状物（见图 1-45），果实易脱落。

推荐用药：凯津，凯泽，异菌脲，嘧菌环胺，腐霉利，咯菌腈，菌思奇。

彩图：灰霉病

图 1-45　灰霉病

4. 青枯病

青枯病系细菌性维管束组织病害，多见于夏季高温时的育苗圃及初栽期。将病株由根茎部横切，导管变褐，湿度高时可挤出乳白色菌脓，严重时根部变色腐败（见图 1-46）。

推荐用药：噻唑锌，春雷霉素，叶枯唑，壬菌铜，中生菌素，可杀得（单独用）。

彩图：青枯病

图 1-46 青枯病

5. 黄萎病

黄萎病系真菌性维管束组织病害。当病株下部叶片变黄褐色时，根便变成黑褐色而腐败。有时植株的一侧发病，而另一侧健康，呈"半身凋萎"症状（见图 1-47）。

推荐用药：敌克松，恶霉灵或甲霜恶霉灵，申嗪霉素。

彩图：黄萎病

图 1-47 黄萎病

6. 红中柱根腐病

红中柱根腐病主要危害根系，发病时由侧根或新生根开始，随病害发展，所有根系迅速坏死变褐。地上部分外叶叶缘发黄、变褐、坏死至蜷缩，逐渐向心发展至全株枯黄死亡（图1-48）。

推荐用药：烯酰吗啉，甲霜恶霉灵，霜脲·锰锌。

7. 芽枯病

芽枯病又称草莓立枯病，主要危害花蕾、新芽、托叶和叶柄基部，引起苗期立枯，成株期茎叶腐败、根腐和烂果（图1-49）。叶枯病主要侵害叶片、叶柄和果梗。

推荐用药：吡唑醚菌酯，嘧菌酯，肟菌酯，烯肟菌酯。

彩图：红中柱根腐病
与芽枯病

图1-48　红中柱根腐病　　　　图1-49　芽枯病

8. 病毒病

目前我国草莓有六种病毒病害，由单一病毒侵染草莓没有症状，由两种以上病毒复合侵染时表现为株高降低，果实变小，产量下降，果实质量差（图1-50）。做母株苗时，母本苗繁殖系数降低。草莓病毒病主要通过匍匐茎苗、蚜虫和土壤传播。对病毒治疗是很困难的，最好的预防办法就是使用无病毒株，使用脱毒种苗。

彩图：病毒病

图1-50　病毒病

推荐用药：盐酸吗啉呱，香菇多糖，宁南霉素，阿泰灵。

9. 真菌性叶斑病（蛇眼病）

草莓蛇眼病又称草莓白斑病、草莓叶斑病、草莓斑点病（图1-51），危害老叶，叶柄、果梗、浆果也可受害。叶片染病初期出现深紫红色的小圆斑，以后病斑逐渐扩大，病斑中心为灰色，周围紫褐色，呈蛇眼状。病斑发生多时，常融合成大型斑。果实染病，浆果上的种子被侵害，被害种子连同周围果肉变成黑色，丧失商品价值。

推荐用药：吡唑醚菌酯，嘧菌酯，氟啶胺，二氰蒽醌，咪鲜胺及锰盐，溴菌腈，三唑类杀菌剂（苯醚甲环唑，戊唑醇，腈苯唑）。

彩图：蛇眼病

图1-51 蛇眼病

10. 细菌性叶斑病

细菌性叶斑病是育苗期和栽植缓苗期的重要病害之一。初侵染时在叶片下表面出现水浸状红褐色不规则形病斑，病斑扩大时受细小叶脉所限呈角形叶斑，故亦称角斑病或角状叶斑病（图1-52）。病斑逐渐扩大后融合成一体，渐变淡红褐色而干枯。湿度大时叶背可见溢有菌脓，干燥条件下成一薄膜，病斑常在叶尖或叶缘处，叶片发病后常干缩破碎。

推荐用药：噻唑锌，春雷霉素，叶枯唑，壬菌铜，中生菌素，可杀得（单独用）。

（三）虫害

1. 叶螨

危害草莓的叶螨主要有朱砂叶螨（红蜘蛛）（图1-53）和二斑叶螨（黄蜘蛛）。主要以成、若螨群聚叶背吸取汁液，危害初期叶面出现零星褪绿斑点，

彩图：细菌性
叶斑病

图 1-52　细菌性叶斑病

严重时白色小点布满叶片，使叶面变为灰白色，植株萎缩矮化，严重影响产量和果实品质。

推荐用药：联苯肼酯，乙螨唑，丁氟螨酯，唑螨酯，四螨嗪，螺螨酯（预防用）。

彩图：草莓红蜘蛛

图 1-53　草莓红蜘蛛

2. 蚜虫

危害草莓的蚜虫常见的有桃蚜和棉蚜，同时要高度警惕黄蚜的危害。常群集于叶片、花蕾、顶芽等部位，刺吸汁液，使叶片皱缩、卷曲，严重时引起植株死亡。

推荐用药：隆施（氟啶虫酰胺），特福力，可力施，吡虫啉，吡蚜酮。

3. 斜纹夜蛾

斜纹夜蛾是一种暴食性、杂食性害虫。在草莓育苗中后期一直到开花结果期均会发生危害。主要以幼虫（图1-54）咬食叶、蕾、花及果实。

推荐用药：氯虫苯甲酰胺，茚虫威，甲氧虫酰肼，福戈，垄歌，稻腾，甲维盐（有残留风险）。

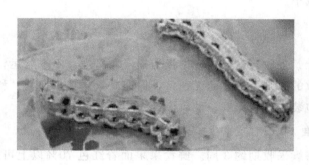

彩图：斜纹夜蛾

图1-54　斜纹夜蛾

4. 蓟马

蓟马种类很多，危害草莓的主要有两种，分别是棕榈蓟马和烟蓟马。主要危害心叶、花和幼果，造成叶片扭曲，果实膨大受阻，发育不良，果实僵硬。

推荐用药：乙基多杀菌素。

5. 烟粉虱

烟粉虱直接刺吸植物汁液，导致植株衰弱，若虫和成虫还可以分泌蜜露，诱发其他病害的产生。密度高时，叶片呈现黑色，严重影响光合作用。

推荐用药：功夫。

6. 蜗牛和野蛞蝓

蜗牛成虫和幼贝以齿舌刮食叶、茎、果，造成空洞或缺刻。野蛞蝓以幼虫和成虫刮食造成缺刻，并排泄粪便污染草莓，常引起弱寄生菌的侵入。

推荐用药：四聚乙醛。

7. 地下害虫

危害草莓的地下害虫主要有小地老虎、蛴螬、蝼蛄，主要咬食草莓根、茎。蝼蛄在地下穿成许多隧道，使根土分离，造成幼苗失水枯死。

六、草莓采收及采后处理

草莓果实是由花托发育而成的肉质小浆果，在植物学上称为假果。其上着生许多小瘦果，即为草莓的种子。果实颜色有红色、绯红色、粉红色、白色、粉白色等等；形状有球形、圆锥形、长圆锥形、短圆锥形、心形等。一级果最大，二、三级果渐次减小。

（一）果实采收

草莓浆果柔嫩多汁，采收、运输过程中极易损伤和腐烂，不耐贮运，所以多随采随销。草莓采收的原则是及时而无伤害，保证质量，减少损失。科学细心地做好采收和分级包装工作对保鲜、贮藏极其重要。

1. 果实的采收标准

草莓单个品种的持续采收期约 3 周。鲜食果果面着红色 70% 以上可采收，着色 80%～85% 最适宜。这种果品质好，果形美，相对耐贮运。用于加工果酱、果汁、果冻等的果以达到充分成熟为好，这种果含糖高，汁液多，香气浓。制罐头用果要求大小一致，着色 70%～80%，果肉较硬，颜色较鲜艳。草莓果成熟不一致，必须每天或隔天采摘 1 次。每次采收应将成熟果采尽，不可延至下次，以免因过熟腐烂并波及其他。

2. 采收前准备

采收容器应用纸或塑料箱、竹编箱，箱内垫放柔软物，一般一箱装 2.5～5 千克，否则易造成挤压烂腐。采收时最好边采边分级，并分开放，将畸形果、过熟果、烂果、病虫果剔除。其果实分级标准如下：单果 20 克以上为大果，10～14.9 克为中果，5～9.9 克为小果。草莓采后应放在阴凉处或预贮室散热。运输时最好用透明小塑料盒装，单盒装果 0.25～0.5 千克，后将小包装装入装载量不超过 5 千克的大箱，运输时选择最佳线路，尽量减少震动。

3. 采收时间及方法

果实的采收时间对采后处理、保鲜、贮藏和运输都有很大的影响。在生产中，最好在一天内温度较低的时间采收果实，这是因为温度低，果实呼吸作用小，生理代谢缓慢，采收后由于机械损伤引起的不良生理反应也较小。此外，较低的环境温度对于果实采后自身所带的田间热也可以降到最小。采收时间最好在清晨露水干后 8:00～9:30 或傍晚转凉后进行。日光温室栽培草莓，果实采收可在上午 9:00～10:30 或下午 15:00 以后进行。

作为鲜食的草莓果实必须采用人工采收的方法，采收时用拇指和食指掐断果柄，将果实轻轻放在采收容器中，摆放2～3层，层数过多容易造成底部果实压伤。采摘过程中要注意尽量减少机械损伤。采摘的果实要求果柄短，不损伤花萼，无病虫害。草莓果皮极薄，采收时必须轻拿、轻摘、轻放，同果柄一同采下，用小剪或指甲掐断果柄即可，摘一个放一个。

4. 草莓果实标准

无公害草莓果实的卫生标准应符合表1-1的规定。对符合无公害卫生标准的草莓果实要进行分级包装，草莓果实的感官品质分级标准参见表1-2。

表1-1 无公害食品草莓卫生指标

项目	指标/(毫克/千克)	项目	指标/(毫克/千克)
乐果	≤1.0	砷(以As计)	≤0.5
辛硫磷	≤0.05	汞(以Hg计)	≤0.01
杀螟硫磷	≤0.5	铅(以Pb计)	≤0.2
氰戊菊酯	≤1.0	镉(以Cd计)	≤0.03
多菌灵	≤0.5		

表1-2 草莓的感官品质指标

项目		等级			
		特级	一级	二级	三级
外观品质基本要求		果实新鲜洁净、无异味,有本品种特有的香气,无不正常外来水分,有新鲜萼片,具有适于市场或贮藏要求的成熟度			
果形及色泽		果实具有本品种特有的形态特征、颜色、光泽;同一品种、同一等级不同果实之间形状、色泽均匀一致			
果实着色度		≥70%			
单果重/克	中小果形品种	≥20	≥15	≥10	≥5
	大果形品种	≥30	≥25	≥20	≥6
碰压伤		无明显碰压伤,无汁液浸出			
畸形果实/%		≤1	≤1	≤3	≤5

（二）采后处理

1. 草莓保鲜

草莓果实先用亚硫酸钠溶液浸渍2～3分钟，捞起后晾干，接着在缸或桶的底部放 9 份砂糖和 1 份柠檬酸组成的混合物，再将草莓放在其上保存，能明显延长贮藏寿命。将草莓装入塑料盒中，分别放入 1～2 小袋二氧化硫缓释剂，用封条将塑料盒密封，有较好的保鲜效果。按每立方米库容用 0.2 克过氧乙酸熏蒸 30 分钟、用 0.05% 山梨酸溶液浸果 2～3 分钟、用草莓保鲜剂洗果，后用塑料袋包装并充入二氧化碳，在低温下可贮藏 3～5 周，好果率达 80% 以上。

工艺流程：成熟草莓果实→剔除病虫和腐烂果→水洗→用 2% 氯化钙、1% 柠檬酸和 0.2% 苯甲酸钠溶液浸泡 5～10 分钟→用 3%～6% 海藻酸钠加 0.5% 柠檬酸三钠液浸润→用 3%～5% 氯化钙溶液浸泡 5～6 分钟→塑料薄膜袋包装，放 4 摄氏度条件下贮藏，可贮藏 9～10 天。

2. 草莓冷藏

可用冷藏其他果蔬的冷藏库或冷藏箱，量少时也可将果实贮藏于家用冰箱的非结冰层内。冷藏果应先预冷，后装入内垫大塑料袋的筐（盒）中，最后将筐（箱）交叉码堆并留有空隙，以利冷风能顺利进入并将果实呼吸热交换出来。草莓在 12 摄氏度下可贮藏 3 天，8 摄氏度下 4 天，1～2 摄氏度下 7～8 天。低温冷藏的温度不可低于 1 摄氏度。

3. 草莓气调贮藏

贮藏条件为氧气 3%，二氧化碳 6%，温度 0～1 摄氏度，相对空气湿度 85%～95%。在此条件下，可保鲜贮藏 1.5～2 个月。贮藏时将装有草莓的果盘用带有通气孔的聚乙烯薄膜袋套好，扎紧袋口，用贮气瓶等设备控制袋内气体组成达上述要求，密封后放通风库或冷库中架藏。贮藏中每隔 5～7 天打开袋口检查 1 次，若无腐烂和变质再封口继续冷藏。

4. 草莓冷冻

速冻果要求整齐一致，无损伤和病虫危害，最好为 1～2 级果，果面着色达 80% 以上，具有该品种应有的果实风味，否则味淡或无味。速冻果当天采摘当天应处理完，如未处理完，应暂放在 1～5 摄氏度冷库内保存。

速冻果应用清水清洗，接着用 0.05% 高锰酸钾液浸洗 4～5 分钟，然后用水淋洗；人工摘或切除萼柄、萼片等；再清洗 1 次，后滤控 10 分钟；之后在 38 厘米×30 厘米×8 厘米的金属盘中装 5.1～5.15 千克草莓，并按其重量的 20%～25% 加入白砂糖拌匀；最后立即将盘送入速冻间，将温度保持在零下 25 摄氏度以下，直到果心温度达零下 15 摄氏度时即可；盘不重叠，果心经 4～6 小时可冻结到所需温度，若盘堆叠过厚，12 小时可达要求温度；速冻后连盘拿至 1～5 摄氏度冷却间，将整块从盘中倒出，装入备好塑料袋中，称好后封口并放入硬纸箱中，尽快送入零下 12 摄氏度至零下 18 摄氏度、相对空气湿度 100％的冷室中，一般可贮藏 18 个月。速冻草莓要用冷藏车或冷藏船运输。食用速冻草莓时，将其放入容器内坐入温水中，解冻后立即食用。

（三）果实包装与运输

1. 果实包装

草莓的包装容器应具备保护性、通透性、防潮性，且应清洁、无污染、无有害化学物质。另外，需保持容器内壁光滑，容器还需符合食品卫生要求，且美观、重量轻、成本低、易于回收。包装外应注明产品名称、等级、净重、产地、生产单位及无公害食品标志等，标志上的字迹应清晰、完整、准确。

草莓果实的包装分为外包装和内包装。内包装采用符合食品卫生要求的塑料小包装盒或防水纸盒，每盒装草莓 0.2～0.3 千克。外包装采用纸箱或塑料周转箱，外包装应坚固耐用、清洁卫生、干燥无异味。一般每个外包装箱装四小盒草莓，也可根据市场需求自行确定。为防止果实在运输过程中受振荡和相互碰撞，可以在内包装底部放海绵、纸等衬垫物。

2. 果实运输

草莓果实皮薄、肉软、果汁多，在运输过程中，应尽量避免振动或减轻振动。运输时做到轻装、轻卸，严防机械损伤。草莓果实最好使用冷藏车运输，运输过程中的温度保持在 1～2 摄氏度，相对湿度保持在 90％～95％。

（四）草莓加工

随着草莓种植面积的增加，草莓加工业也不断发展壮大。草莓是果品加工的优良原料，加工制品种类多、质量优，且各具特色，备受人们青睐。草莓加工也为草莓栽培解除了后顾之忧。

1. 草莓果汁

（1）工艺流程

原料选择→浸洗→去柄除萼片→淋洗→热处理→破碎→榨汁→粗滤→脱气→澄清→过滤→调配→杀菌→装罐密封→冷却→成品。

（2）操作要点

选择出汁率高的品种作原料，果实成熟度在九成熟以上。对原料进行摘果柄、去萼片处理，清洗沥干。沥干后的草莓在 60～70 摄氏度水中进行约 10 分钟热处理，以抑制酶的活性，减少胶质的粘连，阻止维生素 C 氧化损失，提高出汁率。

榨汁可用连续提汁机、离心分离式榨汁机或气囊榨汁机将热处理并破碎的果实榨汁，榨汁时向浆液中加入占浆液 3%～10% 的助滤剂可提高出汁率。取汁后经滤布离心过滤。一般过滤所得的原果汁含糖量在 45% 以上，含酸量为 0.6%～0.7%。而果汁饮料则要求含糖量 7%～13%，总酸量 0.3%～0.35%，可溶性固形物与酸比值为（20∶1）～（25∶1），这就需在原果汁中加入水或砂糖、柠檬酸调配。

果汁灭菌最好采用超高温瞬时杀菌，121 摄氏度条件下 10 秒即可。也可采用巴氏杀菌，76.6～82.2 摄氏度杀菌 20～30 分钟。杀菌后趁热装入洗净消毒的瓶中，立即封口，再在 80 摄氏度左右的热水中灭菌 20 分钟，取出后自然冷却。

（3）质量要求

成品草莓汁呈紫红色，色泽均匀，有光泽，酸甜适口，具有新鲜草莓风味，澄清透明，不允许有悬浮物存在。

2. 草莓发酵饮料

（1）工艺流程

原料选择→洗涤→摘果柄除萼片→淋洗-破碎→加二氧化碳→加果胶酶→加活化酵母→前发酵→分离→加糖后发酵→倒罐→净化→调配→过滤包装→杀菌→成品

（2）操作要点

将选择好的原料清洗后破碎，加入 30 毫克/千克浓度的二氧化碳，2% 果胶酶静置 4～5 小时，再加入 2%～3% 活化酵母，发酵温度控制在 25 摄氏度，混合发酵 16 小时，将酒液分离置于后发酵容器中，加糖控制温度 18～20 摄氏度，使之进行后发酵，一般需进行 5 天时间。后发酵结束后，及时倒罐，排出二氧化碳，对倒罐后的酒液根据发酵饮品成品的质量指标进行调配。调配后用微孔滤膜进行过滤，装瓶后采用巴氏杀菌。

（3）质量要求

成品色泽浅红，清亮透明，具有草莓天然风味，无悬浮物，酸甜适口，酒精度小于 1%，总酸 4.5～5.2 克/升（以酒石酸计），挥发酸 0.2～0.4 克/升，总糖小于 12%，游离二氧化硫小于 10 毫克/升。

3. 草莓酒

（1）工艺流程

原料选择→洗涤→破碎→压榨→发酵→贮藏陈酿→过滤→调配→过滤→装

瓶→杀菌→成品。

（2）操作要点

将榨取的果汁送入发酵池，加入 40～50 毫克/千克的二氧化硫，接入 5% 酵母培养液，发酵池装容量为 80%，发酵温度一般控制在 20 摄氏度左右，主发酵时间一般为 5～7 天。主发酵结束后及时采用虹吸法分离并除去果渣，将发酵所得新酒按不同要求加入一定量食用酒精，调至酒精度在 11～18 度范围，然后送入贮酒罐陈酿。陈酿 6～10 个月，陈酿结束后要更换容器，以除去悬浮在酒液中的杂质和容器底部的沉淀物。将陈酿好的酒以适宜比例与糖浆、柠檬酸等配料勾兑，使草莓酒甜酸适口，酒香、果香协调。调好的酒在过滤后装瓶，酒精度数较低时，还需经 90 摄氏度灭菌 1 分钟，或在 60～70 摄氏度下灭菌 10～15 分钟。

（3）质量要求

草莓酒应呈檀香色或宝石红色，澄清透明，无悬浮物，具有浓郁酒香和果香，甜酸适口，醇厚和谐，酒体丰满。草莓果酒的酒精度可按不同要求调至 11～18 度，糖度 14～15 度，酸度一般为 0.3，甲醇不高于 0.04 克/100 毫升。

4. 草莓酱

（1）工艺流程

原料选择→浸泡清洗→去除蒂把→挑选→配料→热烫→浓缩→装罐→密封→杀菌→冷却→成品。

（2）操作要点

① 原料选择。选择果胶及果酸含量高的品种，成熟度八成至九成，新鲜、着色均匀。剔除果面着色不均匀、过熟及腐烂果。

② 配料。草莓酱分为高糖和低糖两种。高糖草莓酱配方是：草莓 100 千克，砂糖 120 千克，柠檬酸 300 克，山梨酸 75 克。低糖草莓酱配方是：草莓 100 千克，砂糖 70 千克，柠檬酸 800 克，山梨酸少量。柠檬酸的用量根据草莓含酸量进行适当调整。砂糖使用前配成 75% 的糖液，柠檬酸和山梨酸在使用前用少量水溶解。

③ 热烫浓缩。将配好糖液的一半装入夹层锅中，煮沸后加入草莓，使其软化，不断搅拌，然后加入另一半糖液及柠檬酸和山梨酸，继续加热，至可溶性固形物含量达 66.5%～67% 时即可。

④ 装罐。果酱熬好后立即装罐，趁热封口，封口后再在沸水中煮 10 分钟杀菌，最后分段冷却。

（3）质量要求

成品草莓酱应呈紫红色或褐红色，颜色均匀一致，有草莓风味，酸甜适口，酱体呈浓稠状并保持部分果块。没有糖的结晶存在，无果梗及杂物混入，无异味。总糖量不低于 57%，可溶性固形物含量不低于 65%。

5. 草莓果冻

（1）工艺流程

原料选择→去杂清洗→沥干→预煮→榨汁→加热浓缩→调整→密封→杀菌冷却→成品。

（2）操作要点

① 预煮。原料经选择清洗后，在夹层锅中加清水后加热，水温达 80 摄氏度时投入草莓。一般每锅加草莓 50 千克，并添加占果重 0.2% 的柠檬酸，以加快色素和果胶的抽出。保温 80 摄氏度，持续时间为 15~20 分钟。使果肉充分软化。

② 榨汁浓缩。预煮后趁热榨汁，用纱布过滤出果汁，将果汁放入夹层锅中，加热升温，分次加入浓度为 75%~80%、重量为果汁重 65% 左右的砂糖配成的糖液。加热浓缩至可溶性固形物含量达 68%、温度达 105 摄氏度左右时出锅。

③ 调整。待浓缩液接近终点时，测定果汁含酸量及果胶含量，加入柠檬酸或果胶，将果汁含酸量调至 0.4%~0.6%（酸碱度 3.1），果胶含量不低于0.1%。趁热装罐，沸水灭菌，再分段冷却。

（3）质量要求

成品草莓果冻应呈紫红色，色泽均匀一致，具新鲜草莓固有芳香，质地光滑透明，凝胶硬度适当。从罐内倒出后，保持完整光滑的形态，切割时有弹性，切面柔软而有光泽，酸甜可口，可溶性固形物含量 65%。

6. 糖水草莓

（1）工艺流程

原料选择→去柄除萼片→清洗→烫漂→装罐→排气→密封→杀菌冷却→成品。

（2）操作要点

原料经选择清洗后，将水沥干，立即放入水中烫漂 1~2 分钟，以果实稍软不烂为度，烫漂时间长短因品种和成熟度而异，烫漂后的果实捞出即可装罐，装罐时随即注入 28%~30% 的热糖液，再加热排气，至罐中心温度 70~

80 摄氏度保持 10～15 分钟后立即密封。密封后沸水灭菌，分段冷却。

（3）质量要求

成品浅红色，糖水透明，允许存在少量果肉碎屑，具草莓的特殊芳香，无异味。果实重不低于净重 55％，糖水浓度 12％～16％，感官卫生指标应达到国家的质量标准。

7. 草莓蜜饯

（1）工艺流程

原料选择→除果柄萼片→漂洗→护色硬化处理→漂洗→糖液煮制→糖渍→装罐→排气封罐→杀菌冷却→成品。

（2）操作要点

① 原料选择。选择色泽深红、香气浓郁、果肉质地致密、硬度大、果形完整、有韧性、耐煮制且汁液较少的品种，果实八至九成熟，大小均一。剔除未熟、过熟果及病虫果。

② 护色硬化处理。提高草莓耐煮性，减少色素损失，加快渗糖速度，在果实糖煮前应先进行护色硬化处理。第一种方法是将清洗后的果实放在 0.1％～0.7％钙盐和亚硫酸盐溶液中浸泡，浸泡时间长短视品种和成熟度而有所差别。浸泡时间过长，果肉粗糙，口感差；浸泡时间过短，则起不到硬化护色的作用，一般以浸泡 5～8 小时为宜。

第二种方法采用抽空处理，将清洗的果实放在一定浓度的稀糖液中，抽气真空度在 65～68 厘米汞柱（1 厘米汞柱＝1333.2199 帕斯卡）条件下，抽空 20～30 分钟，温度保持为 40～50 摄氏度，使果实中空气迅速排出，加速渗糖，使果肉饱满透明。

③ 漂洗。硬化处理后的果实必须进行漂洗，以除去果实中的钙盐和亚硫酸盐等成分，以流动自来水漂洗至水清即可。

④ 糖渍糖煮。漂洗后将果实置于一定浓度稀糖液中浸渍 10～12 小时，将果实捞出，加热提高糖液浓度，再加入适当柠檬酸调整酸碱度，然后将果实再倒入糖液中浸渍 18～24 小时，待汁液可溶性固形物含量达 65％时，将果实捞出。

⑤ 装罐密封。趁热将果实装入经消毒的罐内，装罐后继续加热，至罐中心温度为 70～80 摄氏度，保持 5～10 分钟后密封。密封罐在沸水浴中煮 12～20 分钟，然后用 60 摄氏度、40 摄氏度温水分段冷却。

（3）质量要求

总糖度应在 45％以上，可溶性固形物含量不低于净重 55％～66％，二氧化硫残留量在 0.006 克/千克以下，不含铜、铅、砷等离子，感官指标和卫生指标达到国家规定的质量标准。

8. 草莓脯

（1）工艺流程

原料选择→除果柄萼片→清洗→护色硬化处理→漂洗→糖渍→糖煮→烘烤→整形→包装。

（2）操作要点

草莓脯的生产与草莓蜜饯的前期处理过程相同，果实经两次糖渍糖煮后至可溶性固形物含量 65％以上时，再浸渍 18～24 小时，将果实捞出沥干后放在 55～60 摄氏度温度条件下烘烤至不粘手为度。如烘烤温度过高，果脯质地变硬；烘烤温度过低，则烘烤时间长，影响成品色泽。烘烤冷却后用塑料薄膜食品袋包装。

（3）质量要求

总糖度 60％～70％，水分 18％～20％，成品紫红色或暗红色，具光泽，果实呈扁圆形，大小均匀，不粘手，不返砂，质地饱满有韧性，具草莓风味，甜酸适度。

第二章
蓝莓优质高效生产技术

第一节　走进蓝莓生产

蓝莓高效生产
讲解视频集

一、蓝莓的生物学特性

（一）蓝莓的营养

蓝莓果实中含有较多的花色素苷、黄酮等生理活性成分，营养丰富，还含有多种维生素及微量元素等营养物质（表2-1），而这些化合物与人体内自由基的清除、抑制及逆转人体衰老有密切关系。蓝莓富含抗氧化活性成分，对预防血管老化、明目、强心、抗癌及预防老年性疾病有一定功效。联合国粮食及农业组织将其列为人类五大健康食品之一，已成为一种很有发展前景的新兴保健类水果，是仅次于草莓的第二大小浆果，被誉为"21世纪功能保健浆果""水果中的皇后"和"世界第三代水果"。

表 2-1　蓝莓营养成分（每 100 克）

类别	含量	类别	含量
蛋白质	400～700 毫克	钙	220～920 微克
脂肪	500～600 毫克	磷	98～274 微克
碳水化合物	12.3～15.3 毫克	镁	114～249 微克
维生素 A	80～100IU	锌	2.1～4.3 微克
维生素 E	2.7～9.5 微克	铁	7.6～30.0 微克
超氧化物歧化酶（SOD）	5.39IU	锗	0.8～1.2 微克
花青色素	0.07～0.15 克	铜	2.0～3.2 微克

（二）认识蓝莓

蓝莓是杜鹃花科越橘属蓝果类型植物的俗称，别名熊果叶、红豆、牙疙瘩，是多年生落叶或常绿灌木，小浆果果树，果实为蓝色近圆形或椭圆形，果实外面包裹一层薄薄的果粉，果肉酸甜多汁，种子细小，有独特风味，口感极好。蓝莓原产北美，全世界约有400个种，我国约91个种，28个变种。包括矮丛蓝莓、半高丛蓝莓、北高丛蓝莓、南高丛蓝莓、兔眼蓝莓等。因其种类、品种的不同分布区域极其广泛。蓝莓在我国大量分布在华东、华中、华南至西南以及东北地区，常分布在丘陵地带或海拔400～1400米的山地，常见于山地林内或灌木丛中，喜酸性土壤，是酸性红土壤地上的指示植物，抗寒能力强，不耐旱。

蓝莓因品种不同，株高各不相同。本书主要介绍适宜东北地区，特别是寒冷地区发展的矮丛和半高丛蓝莓栽培技术。半高丛蓝莓（图 2-1）一般株高70～120厘米，矮丛蓝莓（图 2-2）一般株高30～60厘米。半高丛蓝莓一般由多个主枝构成灌木丛树冠，有的品种可以产生萌蘖，但是只能产生小群体，矮丛蓝莓一般都能形成大群体。

 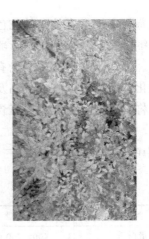

图 2-1　半高丛蓝莓　　　　　　　　　　图 2-2　矮丛蓝莓

（三）蓝莓生长阶段

1. 营养生长阶段

蓝莓在一个生长季节可以有多处枝条生长，一般品种一年至少有两次新梢生长期，一次是初夏，春季温度适宜后，叶芽萌发抽生新枝，新梢长到一定程度后停止生长，顶端生长点小叶变黑形成黑尖，黑尖期维持15天后脱落，这种现象通常称其为枝顶败育，蓝莓的这种现象叫作黑点期。黑尖脱落20～30天后顶端叶芽重新萌发，长出新枝，即第二次生长期开始，也叫转轴生长，如果温度和光照适宜，一年可以出现几次，最后一次生长顶端形成花芽，开花结果后，顶端枯死，下部叶芽萌发新梢并形成花芽。

叶芽着生于枝条的中下部（图2-3），在生长前期，当叶片尚未展开时叶芽在叶腋间形成，叶芽刚形成时为圆锥形，因品种不同，叶芽长度各不相同，一般3～4毫米，披有等长度的3～4个鳞片，休眠的叶芽在春季萌动后产生的节间较短，叶芽完全展开约在盛花期前10天。

2. 生殖生长阶段

（1）开花

蓝莓在夏季抽生的最后一次新梢紧挨黑点的一个芽原始体逐渐增大发育成花芽，有时第一次生长停止后顶芽便形成花芽。每一枝条可以分化的花芽数因品种不同而不同，另外与枝条的粗细也有关。蓝莓花芽着生于一年枝条顶部1～4节（图2-4），花芽和叶芽有明显区别，花芽卵圆形，肥大，一般3～5毫米，半高丛蓝莓花序原基在8月中旬形成，矮丛蓝莓在7月下旬形成，从花芽形成到开花大约需270天。如果秋季花芽分化期枝条出现落叶，则不能形成花芽，花芽只能形成在有叶的节上。

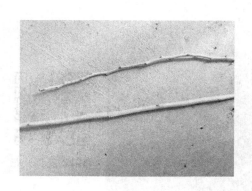

图2-3 蓝莓的叶芽

图2-4 蓝莓的花芽

花芽从萌动到盛开约一个月时间，花期约2周，花芽在一年生枝上的分布有时被叶芽间断，在中等粗度的枝条上往往远端芽为花序发育完全芽，矮丛蓝莓位于枝条下部叶芽可被修剪促进转化成花芽。枝条的粗细与长短和花的形成有关，中等粗度的枝条形成花芽的数量多，枝条粗度与花芽的质量也有关，中等枝条上花序分化完全的花芽多而壮，而过细或过粗的枝条单花芽数量多，一个花芽开放后，单花数量因品种不同而不同。蓝莓开花时顶芽先开，其次是侧芽，粗枝上的花芽比细枝上的花芽开得晚。一个花序中基部先开，然后是中部、上部。果实成熟时却是上部先成熟，而后是中、下部。花芽开放时间则因气候条件不同而不同，一般在开花后一周内授粉，否则很难坐果。

（2）结果

影响坐果率的主要原因是花粉的质量和数量，有的品种花粉败育，一般蓝莓开花后 10 天内均可授粉，3 天内授粉率最高，果实开始着色后，需 20~30 天才能完全成熟。管理好的果园授粉率可达 100％，尤其是矮丛蓝莓，自花授粉能力极强。要想达到高产，授粉率不能低于 85％，有的品种自花授粉能力较差，最好配置授粉树。蓝莓花绽放时多为悬垂式（图 2-5），花柱高于花冠，因此最好有昆虫传粉。有些品种不需要受精，只需要授粉即可坐果，但是果实的质量不好。

蓝莓的果实为单果，开花后约 2 个月成熟，成熟的果实多数呈蓝色（图 2-6）。影响果实膨大的主要因素是温度升高，加快果实发育，如果水分不足则妨碍果实发育。一般矮丛蓝莓陆地栽培果实成熟期在 7 月下旬到 8 月底，半高丛蓝莓略晚于矮丛蓝莓。棚室栽培可提前成熟一个月左右。

图 2-5　蓝莓开花

图 2-6　蓝莓果实

彩图：蓝莓开花

二、蓝莓产业发展概况与前景

（一）国外蓝莓产业概况

蓝莓的栽培驯化工作 1900 年始于美国，距今已有百年历史。全球的蓝莓栽培总面积从 2010 年到 2018 年增长了约 40 万余公顷，栽培规模遍布全球各地，形成了南美洲、北美洲、南非和撒哈拉、欧洲、北非和地中海及亚洲和太平洋（亚太地区）等六大产区。

（二）国内蓝莓产业概况

国内对蓝莓的研究始于 20 世纪 80 年代初，中国自 2000 年产业化生产以来，栽培面积和产量大幅度增加。截至 2020 年年底，全国栽培面积 6.64 万公顷，总产量 34.72 万吨，鲜果产量 23.47 万吨。其中栽培面积超过 4000 公顷的省份有 7 个，依次为贵州（15000 公顷）、辽宁（7800 公顷）、山东（7333 公顷）、四川（6667 公顷）、安徽（6667 公顷）、云南（5000 公顷）、吉林（4000 公顷）。我国相关育种人员还筛选培育出适合我国不同生态环境和不同生产目的的新品种，有顺华蓝莓 1 号、顺华蓝莓 3 号、北陆、北村、美登、蓝丰等 20 多个蓝莓优良品种。根据我国各地不同的气候条件，将蓝莓种植地划分为四大主产区，即寒地蓝莓（吉林、黑龙江）、温带蓝莓（辽东半岛、胶东半岛）、亚热带蓝莓（长江流域）和西南高海拔蓝莓。四大蓝莓产区依据地理气候条件采用露地和设施栽培相结合，基本实现了蓝莓鲜果生产的全年供应，并形成了各产区的优势和特色。

（三）蓝莓产业发展前景展望

蓝莓是重要的新兴栽培树种，在我国的发展前景十分广阔。这不仅因为蓝莓营养丰富，深受人们喜爱，而且各个品种成熟期并不一致，通过贮藏，可常年供应市场。因而，对于调节和改善鲜果市场供应状况，满足人们对水果多样化的需求，丰富人们的物质生活具有重要的作用。到 2020 年，全球超过 25 家跨国企业到中国投资蓝莓规模化种植生产，2015 年至 2020 年，跨国企业在我国的蓝莓鲜果市场所占比例从 1％快速提高到 10％。随着金融资本和国内工商资本的介入，种植规模将快速扩大，可形成一个以专利品种和市场份额双重垄断性生产和经营的格局。跨国企业在中国的规模化种植，对我国蓝莓产业的发展既是挑战，也是机遇。

蓝莓产业优势突出，发展潜力大，生产场地灵活，适宜在山区缓坡地种植，蓝莓适宜生长在酸性土壤上，酸性的土壤通常因不适宜作物和树木生长而处于荒地状态，而这样的土地却适合蓝莓的生长。它不与粮争地，不与人争粮，保证粮食安全的同时，既可强化改善生态环境，又可把山区群众的长短期利益结合好，从而来带动本地区果品业、加工业以及其他行业的发展，提高农民的收入，转移农村剩余劳动力，进行新农村建设。这对于本地区经济的发展具有重要的现实意义和深远的影响，是本地区水果产业的一大亮点，是山区农民脱贫致富的好路子。

三、蓝莓的经济效益

种植蓝莓按照最低产量每亩年产 800 千克，目前的国际市场的最低价 10 美元/千克计算，最低产值为 8000 美元，市场饱和时以最低 30 元/千克计算（这在欧美国家已经是负利润），亩产值还有 24000 元，每亩成本按最高 5000 元计算，其利润也还高达 19000 元。如果都扣除劳动力和土地成本，种 2 亩蓝莓的利润就远远超过种 10 亩的传统农业。蓝莓一次性栽植可以持续丰产 20 年以上，除去前期的投入，是种植粮食作物经济收入的 5～10 倍以上。

蓝莓鲜果全年种植园销售价格为特级果 50～270 元/1.5 千克。大果 45～240 元/1.5 千克，中果 30～150 元/1.5 千克，小果 40～110 元/1.5 千克。一般出现前高后低的趋势，3 月初至 4 月初处于价格高位阶段，4 月初至 5 月中旬处于较高价位阶段，而 5 月下旬以后处于较低价位阶段，至 7 月份达到最低阶段。这是由于不同产地蓝莓鲜果价格差异比较大，还有头茬果与尾果质量差异等方面导致，在高寒地区种植蓝莓要综合各方面的影响因素，根据条件选择合适的种植方式和品种。

第二节　蓝莓的类型和优良品种

一、蓝莓的类型

常见蓝莓主要可分为三大类：高丛蓝莓、兔眼蓝莓和矮丛蓝莓。世界各地的栽培种类以高丛蓝莓和兔眼蓝莓为主，野生种及由野生种选育出来的矮丛蓝莓种植较少。随着蓝莓育种技术的发展，高丛蓝莓又被细分为南高丛蓝莓、北高丛蓝莓和半高丛蓝莓三种类型。从高丛蓝莓种类中杂交改良出的需冷量较少的品种称为南高丛蓝莓，比南高丛蓝莓的需冷量多的高丛蓝莓称为北高丛蓝莓。

（一）兔眼蓝莓

兔眼蓝莓树体高大，最高可达 10 米，寿命长，耐温热能力强，抗旱能力也强，适宜热带地区发展。低温需冷量需要 300～650 小时，果实品质要略差于高丛类蓝莓。

（二）南高丛蓝莓

南高丛蓝莓原产亚热带，喜湿性强，果实较大，直径约 1 厘米，属鲜食品种，适宜亚热带栽培。对冷温需要量比较低，一般低于 600 小时。

（三）半高丛蓝莓

半高丛蓝莓原产于美国北部，对土壤要求比较严格，该系列品种抗寒能力都很强，株高 1 米左右，果实较大，果实品质好，风味佳，属鲜食加工型。休眠期需要低温的时间较长，一般要求 7 摄氏度以下蓄冷量，时间在 1000 小时以上，是所有蓝莓品种中经济价值最高的类别。

（四）矮丛蓝莓

矮丛蓝莓树体矮小，一般株高 50～60 厘米，抗旱、抗寒能力都很强，能耐零下 46 摄氏度的低温，极适宜高寒山区大面积发展。

（五）笃斯越橘

笃斯越橘主要分布于我国大兴安岭和长白山地区，大部分是在水湿沼泽地上，株高 30～50 厘米，抗涝、抗寒能力极强，能耐零下 50 摄氏度的低温，果实偏酸，多汁，湿果蒂，果实不耐贮运，适宜加工。集中野生群落分布。

（六）红豆越橘

红豆越橘原产我国东北、俄罗斯、欧美等国家和地区的高山等地带，与笃斯越橘混生，矮小常绿小灌木，树高 20 厘米，叶片常绿，革质，果实亮红色，抗寒力极强。

二、蓝莓的优良品种

全国蓝莓栽培品种呈现南方产区的多品种化，北方产区的优化稳定的状态。据统计，新培育的蓝莓品种中超过 85% 为南高丛品种，而北高丛育种相对滞后。以适合寒地种植的品种类型来介绍高寒地区适合种植的品种。

（一）半高丛蓝莓

1. 北陆

彩图：半高丛
蓝莓

北陆为 1967 年美国密歇根州的品类，中早熟品种，植株生长健壮，株丛中度张开，株丛高 0.8～1.2 米（图 2-7），中大果粒，果粉多，果肉紧实，多汁，果味好。甜度 BX12％，酸度中等。抗寒、抗旱，对土壤要求不严，极丰产，成果量为 1.6～3.5 千克/株。果蒂痕中等大小且干，果实成熟期集中。在零下37 摄氏度下可安全越冬，是寒冷地区主要栽培品种。适宜我国寒冷地区栽培发展。

图 2-7　北陆植株

图 2-8　北蓝植株

2. 北蓝

北蓝为 1983 年美国明尼苏达大学宣告的种类，晚熟品种，树势强，树高约 60 厘米（图 2-8）。叶片暗绿色、有光泽是其一大特点。果实大粒，果皮暗蓝色，特色佳，耐储备。耐寒，能耐零下 38 摄氏度低温，丰产性较好，适宜我国东北寒冷地区栽培。成果量在 1.0～3.0 千克/株，较暖和地区成果量会有所增加。排水不良情形下易传染根腐病。除了及时剪除枯枝外，不必特地修剪。

3. 北村

北村为 1986 年美国明尼苏达大学宣告的种类，早-中熟种，比北蓝或北空早 7 天左右。树势中等，树高 45～60 厘米，冠幅 100 厘米左右，成果量 1.025 千克/株，树势在不同土壤条件会相应有差异。抗寒性十分强，能耐零下 37 摄氏度低温。果粒中等，果实产量高，耐贮备，果皮亮蓝色。叶小型，暗绿，秋季变红，树姿比较优美，适合观赏。耐寒，高寒山区可露地越冬。

4. 圣云

圣云为美国明尼苏达大学育成品种，中熟。植株生长健壮，直立型，株高为 90～110 厘米，冠径 80～85 厘米（见图 2-9）。抗寒力较强，能耐零下 30 摄氏度低温。果实大，蓝色，肉质硬，果蒂痕干，耐储运，口感甜酸，成果量 0.7～1.7 千克/株，该品种可作为寒冷地区的鲜食品种栽培。

图 2-9　圣云植株

图 2-10　齐佩瓦植株

5. 友情

友情为 1990 年美国威斯康星大学宣告的杂交育成种类。树高 80 厘米左右，树势与北村相仿，抗寒性十分强，果实产量较高。果粒小，平均单果重约 0.6 克。果实柔嫩，甜酸适度。

6. 北空

北空为 1983 年美国明尼苏达大学宣告的种类，抗寒性极其强，有雪遮盖的条件下能抵御零下 40 摄氏度的低温。树高 35～50 厘米，冠幅 60～90 厘米，产量中等，在 450～900 克/株。果实小-中粒，灰色的果粉使果皮涌现出美丽的蓝色；特色优良，耐储备。叶片浓密，夏季绿色带有光泽，秋季则变得嫣红。

7. 齐佩瓦

齐佩瓦为 1996 年美国明尼苏达大学宣告的品类，中熟（图 2-10）。果粒大，甜度大，甜度 BX14%，有香味，平均株高为 73~100 厘米，冠径 76 厘米×75 厘米，平均单果重 1.55 克，为同期种类中滋味优秀的。果蒂痕小而干。极耐寒品类。

（二）矮丛蓝莓

1. 美登

美登为加拿大农业部肯特维尔研究中心从野生笃斯越橘中选出的品种，中熟品种，在黑龙江省北部约 7 月中下旬成熟，果实扁圆形，亮丽蓝色，果皮披有较厚的白色果粉，风味极好，有清爽宜人的香气（图 2-11）。植株生长旺盛，丰产，花青素含量高。定植 5 年后平均单株产量 0.8~1.5 千克，抗寒能力极强，可耐零下 48 摄氏度的低温，如果冬季雪大，可安全露地越冬，是东北寒冷地区的首选品种，可进行蓝莓加工型产业化生产，具有很大的市场潜力，可大规模发展。

彩图：美登植株

图 2-11 美登植株

2. 坤蓝

坤蓝为加拿大农业部肯特维尔研究中心从矮丛野生蓝莓群体中选出的品种。中熟种，树体中等，高约 25 厘米。成熟期一致，比美登早熟 4 天，比斯卫克晚熟约 4 天，果实中等，单果重 0.5 克，适宜冷冻果加工。在长白山区栽培体现生长强壮，早产、丰收、耐寒。

3. 芬蒂

芬蒂为加拿大农业部肯特维尔研究中心从"奥古斯塔"自然授粉的实生后代中选出，中熟种。果实略大于美登，淡蓝色，有果粉，成熟期一致，果穗生长在直立枝条的上端，单果重 0.72 克。枝条可达 40 厘米高，丰收。可与美登套栽，互为授粉树。

4. 斯卫克

斯卫克为加拿大品种，中熟种。树体浓密，高约 30 厘米。果实球形、淡蓝色，果实大，直径可达 1.3 厘米，单重 1.25 克，一般果实 20 个成一簇，果实风味佳。较丰产，与矮丛类蓝莓异花授粉效果好，耐寒性强，长白山区可平安露地越冬。

5. 芝妮

芝妮为加拿大农业部肯特维尔研究中心从野生蓝莓中选育的品种，中熟种。成熟期不一致，果实近圆形、蓝色，果粉多，果实直径 0.8 厘米，单果重 0.45 克，栽培三年产量可达 1773 千克/公顷。叶片细长，树体生长兴旺，基生枝条可达 80 厘米长，较丰收，耐寒力强。

第三节 蓝莓的繁殖及育苗技术

蓝莓的繁殖方法较多，如扦插、实生、分株、嫁接、组织培养等，其中蓝莓苗木扦插繁殖技术已十分成熟。目前，我国栽培的蓝莓在生产上通常以扦插繁殖方法为主。蓝莓扦插繁殖因种而异，高丛蓝莓主要采用硬枝扦插，兔眼蓝莓采用绿枝扦插，矮丛蓝莓绿枝扦插和硬枝扦插均可。硬枝扦插主要应用于高丛蓝莓，但又因品种不同，生根难易不同。植物组织培养工厂化育苗，对技术和资金要求较高，但因其高效、优质是我国蓝莓苗木规模化育苗的发展方向。

一、硬枝扦插

硬枝扦插主要适合于高丛蓝莓苗木，如兔眼蓝莓和南方高丛蓝莓都可以用硬枝扦插繁殖，但是相比于喷雾条件下的嫩枝扦插，其生根的稳定性较差。一般在初春萌芽前选取无病虫害、生长健壮的一年生营养枝条，从枝条的中下部截取 30~90 厘米长的枝条（图 2-12），然后再将其截成 13~15 厘米长的插条。

插条切口平滑，上切口为直切口，下切口为斜切口，下切口位于芽的下方。若插条上有花芽则将其抹去，或者弃之不用。截取下来的插条分成捆埋入湿润的锯末、苔藓或细沙中，保持温度在 2～10 摄氏度。

　　做宽度为 1 米、高度为 15～20 厘米的扦插苗床（图 2-13）。苗床准备好之后，插穗用吲哚丁酸（IBA）、生根粉（ABT）、α-萘乙酸（NAA）处理后垂直扦插于基质上，注意应使用低浓度的 IBA、ABT、NAA 处理插穗，以免产生毒害作用，导致叶片发黄和枯叶。扦插深度为插穗长度的 1/2，插条密度为 5 厘米×5 厘米。扦插后，温度应控制在 15～30 摄氏度，苗床应保持湿润而不积水并且需要遮阴（遮阴 40%～70%）。

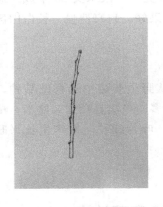

图 2-12　蓝莓枝条

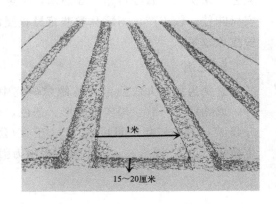

1米

15～20厘米

图 2-13　蓝莓扦插苗床

　　扦插后要经常监测温度和湿度，温度保持在 24 摄氏度左右，如有条件最好采用喷雾扦插育苗，防止插条萎蔫，提高育苗的质量和生根率。一般扦插 20～40 天后就能生根，生根后开始施肥以促进苗木的生长。每周施肥 1 次，将浓度为 3%～5% 的液态肥料直接施入苗床。扦插生根的苗移栽至营养钵中进行继续培育。营养钵的大小一般以直径 10 厘米×10 厘米左右为宜。营养钵中基质可用草炭土和珍珠岩混合配制。营养钵中培育应以培育壮苗为目的，注意适当施入复合肥促进苗木健壮生长，经常浇水以保持土壤湿润，注意病虫害防治。当苗木达到以下标准时就可田间定植，即苗高达到 20～35 厘米，分枝数 2～4 个，基径粗度 3～4 毫米，植株生长健壮，根系发达，无病虫害。

二、绿枝扦插

　　绿枝扦插是在花芽分化前，从树上剪取带叶新梢进行扦插的一种方法。绿枝扦插主要应用于蓝莓中硬枝扦插生根困难的品种，这种方法相对于硬枝扦插要求更严格，而且由于扦插时间晚，入冬前苗木生长较弱，容易造成越冬伤害。

（一）剪取插条时间

一般在新梢第一次伸长生长停止到第二次生长之间这个时期采集比较适宜。主要从枝条的发育来判断，比较合适的时期是果实刚成熟期，此时产生二次枝的侧芽刚刚萌发。另外的一个判断标志是新梢的黑点期，在以上时期剪取插条生根率可达 80%～100%，过了此期后剪取插条生根率大大下降。

（二）插条准备

一般至少留 4～6 片叶，插条充足时可留长些，如果插条不足可以采用单芽或双芽繁殖，但以双芽较为适宜（图 2-14），留双芽既可提高生根率，又可节省材料。扦插时为了减少水分蒸发，可以去掉插条下部 1～2 片叶。枝条下部插入基质，枝段上的叶片去掉，有利于扦插操作。但去叶过多影响生根率和生根后苗木发育。同一新梢不同部位作为插条生根率不同，基部作插条生根率比中上部低。

图 2-14　蓝莓双芽插条

（三）苗床的准备

苗床设在温室或塑料大棚内，在地上做 15 厘米×1 米的苗床，苗床两边用木板或砖挡住，也可用育苗塑料盘，装满基质，扦插前将基质浇透水。在温室或大棚内最好装全封闭弥雾设备，如果没有弥雾设备，则需在苗床上扣高 0.5 米的小拱棚，以确保空气湿度。如果有全日光弥雾装置，绿枝扦插育苗可直接在田间进行。最常用的扦插基质是草炭＋河沙（1∶1）或草炭＋珍珠炭（1∶1），也可单纯用草炭扦插。蓝莓绿枝扦插时用生根剂处理可大大提高生根率。常用的生根剂有萘乙酸、吲哚丁酸及生根粉（ABT）。采用速蘸处理，浓度为萘乙酸 500～1000 毫克/升、吲哚丁酸 2000～3000 毫克/升、生根粉 1000 毫克/升，可有效促进生根，或者根据市面上卖的生根粉按照说明进行使用即可。

（四）扦插及插后管理

苗床及插条准备好后，将插条用生根药剂速蘸处理，然后垂直插入基质中，间距以5厘米×5厘米为宜，扦插深度为2～3个节位。插后管理的关键是温度和湿度控制。最理想的是利用自动喷雾装置，利用弥雾调节湿度。温度应控制在22～27摄氏度，最佳温度为24摄氏度。如果是在棚内设置小拱棚，需人工控制温度，为了避免小拱棚内温度过高，需要半遮阳。生根前需定时检查小拱棚内温度和湿度，尤其是中午，需要打开小拱棚通风降温，避免温度过高而造成死亡。当生根之后，小拱棚撤去，此时浇水次数也适当减少。及时检查苗木是否有真菌侵染，发现时将腐烂苗拔除，并喷600倍多菌灵杀菌，控制真菌扩散。

扦插苗生根后（一般6～8周），开始施肥，施入完全肥料，溶于水中以液态浇入苗床，浓度为3％～5％，每周施入1次。绿枝扦插一般在6～7月进行，生根后到入冬前只有1～2个月的生长时间。入冬前，在苗木尚未停止生长时，为温室加温，利用冬季促进生长。温室内的温度白天控制在24摄氏度，晚上不低于16摄氏度。

三、组织培养

组织培养是指从植物体分离出符合需要的组织、器官或细胞、原生质体等，通过无菌操作接种在人工配制的培养基中，在合适的环境条件下进行培养，以获得再生的完整植株或生产具有经济价值的其他产品的技术。蓝莓组织培养过程见图2-15，蓝莓适合组培快繁的优点主要有：一是可以得到无病毒和不带菌的苗木；二是繁殖速度快，一年可以繁殖上百万株，大大快于常规方法；三是不受季节限制，周年可以生产；四是组培苗在阶段发育上比常规法育成的苗更加幼嫩。

蓝莓植株　　　茎段　愈伤组织　丛生芽　生根　　　移栽成活

图2-15　蓝莓组织培养过程

（一）无菌体系建立

组织培养生产蓝莓苗，首先要配制好培养基，培养基以改良 WPM 培养基附加 ZT（玉米素）1.0～2.0 毫克/升为宜。配制好的培养基应及时封盖瓶口，放入灭菌筐中进行高压灭菌。高压灭菌结束等培养基自然冷却凝固后就可以使用。准备好作为外植体的茎段或茎尖置于饱和洗衣粉水中浸泡 10 分钟，用自来水冲洗干净，在超净工作台上用 75％乙醇浸泡 30～60 秒，无菌水冲洗 2～3 次，10％次氯酸钠浸泡 8～10 分钟，无菌水冲洗 4～5 次，用无菌纸吸干水分，将茎段切割成 0.5～1.0 厘米长、至少带有 1 个芽的切段，接种于事先配制好的培养基中。

（二）培养

培养温度 25 摄氏度、光照强度 2000 勒克斯、光照时间 12 小时/天最为适合。培养 7～10 天后不定芽萌动，经大约 30 天的伸长生长后可长出新枝（图 2-16），进行继代培养。

彩图：蓝莓组织培养

将丛生芽适当切割转接到新鲜培养基（改良 WPM＋ ZT 1 毫克/升）上进行继代培养，每 40～50 天继代 1 次（见图 2-17），温度 20～30 摄氏度，光照 2000～3000 勒克斯，光照时间 12～16 小时/天。

图 2-16 蓝莓初代培养

图 2-17 蓝莓继代培养

（三）生根

当芽苗长到 3 厘米左右，要进行生根培养（图 2-18、图 2-19），培养基以 1/2WPM＋NAA 2.0 毫克/升为宜。

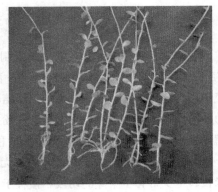

图 2-18　蓝莓生根培养　　　　　　　　　图 2-19　蓝莓生根

　　蓝莓组培苗在试管内生根效果不佳，生根慢，生根率仅为 30％～70％，现在主要采用试管外生根方法。于 9～11 月，将组培室瓶内瓶苗出瓶，将丛生芽基部培养基洗净，剪成 3～5 厘米茎段，用 1000～2000 毫克/升 IAA 或生根粉速蘸，扦插在经过消毒处理的基质（腐苔藓）中（见图 2-20），基质可以选用沙：草炭土（1：1）、沙：蛭石（1：1）、纯沙、纯蛭石、腐苔藓。腐苔藓为基质最好，成活率最高 80％以上。扦插移栽后扣上小拱棚置于温室内，温度保持在 20～28 摄氏度，相对湿度 90％，需用透光率 50％的遮阳网适当遮阳。

图 2-20　蓝莓瓶外生根扦插苗

（四）移栽

　　当生根的幼苗高度为 10～30 厘米，有 3～5 个分枝（图 2-21），即可进行移栽。营养土配制比例是，透气良好疏松的沙壤土、草炭土和壤土均可，加入松针、珍珠岩。按土壤70％、松针25％、珍珠岩5％配比即可。配好后，根据蓝莓的品种需要，调整好营养土地 pH 值，即可使用。移苗时首先将营养钵装入 1/2 的营养土，然后将蓝莓苗木从基质中取出（尽量让苗木多带些基质，以不伤根为准），轻轻将苗木放入营养钵内填土，苗木在营养钵内的栽植深度以土壤能够覆盖住苗木的全部根系，达到苗木在原基质中的深度略深些并能稳住小苗即可。栽植时一定要把土压实，栽好后立即浇水，第一次的水必须浇透。

图 2-21　蓝莓钵苗

四、移栽后管理

（一）保护地扶育管理

移苗后 15 天内要保持苗木叶面始终有水珠而不滴水为宜，营养钵内的土不能见干（图 2-22、图 2-23）。半个月以后，要适当地控制水分，不干不浇，营养钵内的土要达到见干见湿，每次浇水必须浇透。为了保证苗木装钵后成活率，拱形大棚的塑料棚膜上必须覆盖密度为 90％的黑色遮阳网，防止苗木烫伤。苗木移栽 15 天后，开始施肥，施肥的方法以液肥喷施为主，采取全价肥与叶面肥配合使用，叶肥的浓度不能超过 3％，不要单独使用氮肥，防止烧苗。施肥后必须立即喷水，防止烧伤叶片，影响植物生长。同时要经常检查是否有病虫害发生，定期喷施杀虫剂和杀菌剂。

图 2-22　蓝莓苗木抚育

图 2-23　一年和二年生蓝莓苗

（二）日光温室苗木的扶育和管理

移入日光节能温室内进行扶育，便于冬季加温扶壮生长。具体方法与拱形大棚管理相同，应该注意的是，温室内冬季的温度要控制好，苗床地温不能低于 16 摄氏度。温室内夜间温度不能低于 18 摄氏度，白天不能低于 24 摄氏度。光照时间不能低于 12 小时，采取自然光照与补光相结合的措施。

（三）成苗的质量标准

发达的根系是苗木品质的主要条件，要求的标准是，发根数量多，分布均匀，已经木质的部分表面黄褐色，内部白色，末端有白色透明的纤维状的细根。苗木健壮，分枝多，生长势强，枝条粗壮，无病虫害，木质化程度好。

第四节　蓝莓的建园

一、园址选择

（一）土壤条件

1. 土壤类型

选择土壤类型的标准是，坡度小于 10°，土壤 pH 值为 4.0～5.5，最好

pH 值为 4.3~4.8，有机质含量在 7% 以上，至少不低于 5%，土壤疏松、排水良好、土壤湿润而又不积水。如果当地降雨量少，蓝莓园区要有充足的水源。

在自然条件下选择土壤时，可从植物分布群落进行判断，有笃斯越橘分布或有杜鹃花科植物的地域为典型的蓝莓栽培地。否则应进行土壤改良、调酸。无论什么样的土壤，首先必须进行化验分析。大、小兴安岭大部分地区为强酸性或酸性土壤。

2. 土壤的 pH 值

土壤的 pH 值是蓝莓栽培中的一个重要的因素，蓝莓生长要求强酸性土壤条件（调节土壤 pH 值至 4.5 硫黄粉用量见表 2-2），半高丛蓝莓和矮丛蓝莓要求土壤 pH 值为 4.0~5.2，最好为 4.3~4.8（调节土壤 pH 值至 4.5 硫黄粉用量见表 2-3）。土壤 pH 值对蓝莓生长与产量有显著影响，其中 pH 值过高是限制蓝莓栽培范围的一个重要原因。土壤 pH 值大于 5.5 时，往往导致植株产生缺铁失绿症，而且随着 pH 值的上升，失绿症状趋于严重。当 pH 值接近中性时，所有植株死亡。土壤 pH 值较高时，不仅影响铁的吸收，还容易引起吸收钠、钙过量，对植株生长不利。当 pH 值小于 4 时，土壤中的重金属元素供应增加，造成重金属（铁、锌、铜、锰、铅等）吸收过量而中毒，导致生长势衰弱甚至死亡。土壤 pH 值过高，施用硫黄粉可调节土壤的 pH 值，可以保持 3~5 年，3 年以后可以在园地里每年进行撒施硫黄粉来保持土壤 pH 值的稳定。土壤 pH 值过低可用石灰进行调节。

表 2-2 调节土壤 pH 值至 4.5 硫黄粉用量

单位：千克/公顷

土壤原始 pH 值	土壤类别		
	沙土	壤土	黏土
4.5	0	0	0
5.0	196.9	596.2	900
5.5	393.8	1181.2	1800.0
6.0	596.2	1732.5	2598.7
6.5	742.5	2272.5	3408.7
7.0	945.0	2874.4	4308.7
7.5	1125.0	3420.0	5130.0

表 2-3　调节土壤 pH 值至 4.5 硫黄粉用量

现土壤 pH 值	每 100 平方米调节土壤 pH 值施硫黄粉量/千克															
	4.0		4.5		5.0		5.5		6.0		6.5		7.0		7.5	
	沙土	壤土	沙土	壤土	沙土	壤土	沙土	壤土	沙土	壤土	沙土	壤土	沙土	壤土	沙土	壤土
4.0	0.00	0.00														
4.5	1.95	5.86	0.00	0.00												
5.0	3.91	11.73	1.95	5.86	0.00	0.00										
5.5	5.86	17.10	3.91	11.73	1.95	5.86	0.00	0.00								
6.0	7.33	22.48	5.86	17.10	3.91	11.73	1.95	5.86	0.00	0.00						
6.5	9.29	28.34	7.33	22.48	5.86	17.10	3.91	11.73	1.95	5.86	0.00	0.00				
7.0	11.24	33.71	9.29	28.34	7.33	22.48	5.86	17.10	3.91	11.73	1.95	5.86	0.00	0.00		
7.5	13.19	39.09	11.24	33.71	9.29	28.34	7.33	22.48	5.86	17.10	3.91	11.73	1.95	5.86	0.00	0.00

　　注：沙土 pH 值 4.5 以上每 100 平方米降低 0.1 需施硫黄粉 0.367 千克；壤土 pH 值 4.5 以上每 100 平方米降低 0.1 需施硫黄粉 1.222 千克。

　　引自：Paul，Eck. Blueberry Culture。

3. 土壤有机质

　　土壤有机质的含量高低是决定蓝莓产量的重要因素，蓝莓只有在有机质大于 7% 的土壤中才能正常生长，但它与蓝莓的产量并不成正比。土壤有机质的主要作用是改善土壤结构，疏松土壤，促进根系发育，保持土壤中营养和水分，防止流失。土壤中的矿物质养分，如铁、铜、镁、钾可被土壤中的有机质以交换态或可吸收态保持下来。当土壤有机质含量低时，需要掺入有机物进行改良，不仅能增加土壤有机质，还能降低土壤 pH 值，改善土壤结构，有利于菌根真菌发育，从而提高产量和品质。常用到的松针、烂树皮、锯末等都可作为改善土壤结构的掺入物，可在定植时与挖定植穴同时进行，一般按园土：有机物＝1∶1 比例混匀填入定植穴或在整地时结合深翻全园施入。

4. 土壤状况

　　土壤状况主要指土壤的透气性，透气好坏取决于土壤的水分、结构和组成，土壤透气差引起植株生长不良。在正常情况下，土壤中二氧化碳含量不低于 0.3%，土壤疏松，透气良好时，土壤中氧含量可达 20%。透气差的土壤氧的含量大幅度下降，二氧化碳的含量大幅度上升，不利于蓝莓的生长。采取土壤覆盖是改善蓝莓生长的有效措施。

（二）地形地貌

蓝莓喜酸性、光照良好的地块，一般平原地区土壤偏碱性，丘陵地区偏酸性，最好选用丘陵缓坡地块，种植在阳光充足的南坡，南坡明显能提高蓝莓的产量和品质，种植在北坡由于光照条件差和温度低，蓝莓成熟期延迟，品质不如南坡种植。同时也不要在低洼谷地、冷空气易沉积处建园，以免发生冻害。

（三）气候条件

1. 温度

半高丛和矮丛蓝莓生长季节可忍耐 30～40 摄氏度的高温，矮丛蓝莓在 18 摄氏度时生长较快，而且产生较多的根茎状。矮丛蓝莓春季温度过低其生长发育会受到限制，在 10～21 摄氏度气温越高，生长越旺盛，果实成熟也越快。在水分和养分充足的情况下，气温每上升 10 摄氏度生长速度即可增加 1 倍。当气温降到 3 摄氏度时，即便没有霜害植株的生长也会停止。早春低温对矮丛蓝莓生长不利，大小兴安岭区域栽培蓝莓当遭受早春霜害时，叶片虽然不脱落，但是会变为红色（图 2-24），从而影响光合作用，叶片变红后，待气温升高约一个月后才能转绿。

彩图：蓝莓叶片变红

图 2-24　蓝莓叶片变红

温度对花芽和果实发育也有很大影响，矮丛蓝莓在 25 摄氏度时形成的花芽数量远远大于在 16 摄氏度时形成的花芽数量。因此，生长季节的花芽形成期出现低温往往造成矮丛蓝莓第二年严重减产。

（1）低温需冷量

蓝莓要达到正常的开花结果一般需要 800～1200 小时低于 7.2 摄氏度的低温，需求量不同，花芽比叶芽的低温需求量少。虽然 650 小时的低温能够完成树体休眠，但是只有超过 800 小时的低温半高丛、矮丛蓝莓才会较好地生长。所以 800 小时的低温是半高丛、矮丛蓝莓的最低需冷量，而 1000 小时的低温休眠最好。

（2）抗寒性

蓝莓对低温的忍受能力主要依赖于植物进入低温驯化程度。蓝莓的不同品种抗寒能力不同，矮丛蓝莓抗寒性最强，半高丛次之，高丛最差。矮丛蓝莓品种除了它本身抗寒能力较强外，另一个原因是它树体矮小，在寒冷地区栽培时冬季雪大可将其大部分覆盖，因此它可安全露地越冬。蓝莓冻害类型主要有抽条、花芽冻害、枝条枯死、地上部分死亡等，全株死亡现象较少，其中最常见的是抽条现象发生。如果入冬前枝条发育不好，秋季少雨干旱均可引起枝条抽干现象发生（图 2-25）。

彩图：蓝莓抽条

图 2-25　蓝莓抽条现象

（3）霜害

霜害最严重的是危害蓝莓的芽、花和幼果，在盛花期，如果雌蕊和子房低温几个小时后变黑即说明发生冻害。霜害虽然不会造成花芽死亡，但是会影响花芽的发育，造成坐果不良，果实发育差。花芽发育的不同阶段，蓝莓的抗寒能力也不同。花芽膨大期可抗零下 6 摄氏度低温，花芽鳞片脱落后零下 4 摄氏度的低温可冻死。露出花瓣但尚未开放的花零下 2 摄氏度的低温可冻死。正在绽放的花，在 0 摄氏度时即可引起严重的伤害。

2. 光照

长日照有利于蓝莓的营养生长，而花芽分化则需在短日照条件下进行，全日照光照强度是花芽大量形成的重要条件。在全日照条件下果实质量好。在短日照 8 小时、40 天时矮丛蓝莓形成花芽。光照时间的长短与花芽形成关系很大，当植株处于 16 小时以上光照时，只有营养生长而不能形成花芽。当光照强度缩短时，花芽形成数量增加。8 小时光照时间时，花芽形成数量达到最大值。光照强度的大小对蓝莓的光合作用有很大的影响。大多数矮丛蓝莓的光饱和点为 1000 勒克斯，当光照强度小于 650 勒克斯时极显著地降低光合速率，矮丛蓝莓由于树冠交叉、杂草等影响光照强度，常处于光饱和点以下，从而引起产量下降。因此，应做好株丛的修剪与果园的清耕除草工作。较高的光照强度是花芽形成的必要条件，如果在花芽形成时期光照强度达不到，会造成果实成熟期延迟，果实品质下降。

蓝莓栽培要考虑气候条件，要本着因地制宜的栽植原则，选择适宜当地栽植的品种。黑龙江省种植尽量选择抗寒品种，如矮丛的美登和半高丛的北村、北陆、北蓝等。美登在黑龙江省表现良好，无论从抗寒或抗旱性上看都很好。

二、整地定植

（一）整地

园地选好后，最好在定植前一年深翻压绿，如果杂草过多，应进行火烧，然后深翻，深翻约 30 厘米，以不翻出黏重土和黄土为宜。压绿一年后，重耙两三遍，清除大石块、草根、树根等杂物，整平土地。如果是沼泽地、水湿地应挖排水沟，做台田，台田高 30～35 厘米，宽 1 米。定植时，将蓝莓苗栽植在台面中间。如果 pH 值过高或过低，应在定植前耙地时进行酸度调整，达到定植品种所需酸度。

土壤的 pH 值是蓝莓栽培中的一个重要的因素，蓝莓生长要求强酸性土壤条件，半高丛蓝莓和矮丛蓝莓要求土壤 pH 值为 4.0～5.2，最好为 4.3～4.8。土壤 pH 值对蓝莓生长与产量有显著影响，其中 pH 值过高是限制蓝莓栽培范围过大的一个重要原因。当 pH 值大于 5.5 时，就得采取措施。最常用的方法是土壤中施用硫黄粉，最好是在前一年整地时把硫黄粉同时施入。一般将原土壤 pH 值从 6.0 降到 5.0 时，每 1000 平方米需硫黄粉 120 千克，即 1200 千克/公顷，施后可维持 5 年左右。不同的土壤施用的硫黄粉量也不同，不能千篇一律。施入前，需对土壤进行检测化验，根据检测土壤的实际 pH 值，计算后确定每平方米的实际使用量。施硫黄粉主要有全园撒施、带状撒施和穴施。

（1）全园撒施

全园撒施（图 2-26）可结合整地，将适量的硫黄粉均匀撒施在行间及作业道内，然后用小型旋耕机混匀、耙平。一般种植蓝莓最好全园均匀施入，具有方法简便、机械作业调酸均匀等特点。

图 2-26 全园撒施　　　　　　　　　　图 2-27 带状撒施

（2）带状撒施

只改良种植带，在种植带上均匀撒施，然后耙平（图 2-27）。已经种植蓝莓的地块，改良土壤几年后 pH 值升高，再次调节土壤酸度，可以采取带状撒施，在树带两侧行间开带状沟，将硫黄粉撒施后用土拌匀后再覆土。

（3）穴施

由于蓝莓属于浅根系植物，在没有进行全园改良的条件下，可以进行定植穴酸度调整。根据树体大小，挖 40 厘米×40 厘米的定植穴，把拌好硫黄粉的草炭土＋园土（1∶1）进行回填，覆土后再种植蓝莓。已经种植苗木的地块，根据根系生长情况及树冠大小，以树丛为圆心，距圆心 25～30 厘米处，开宽 20 厘米、深 10 厘米的环状沟，计算用量后将硫黄粉均匀向沟内撒一层拌匀后覆土。

（二）定植

1. 定植时期

蓝莓苗多为营养钵苗，很少有裸根苗，所以定植比较方便，成活率也比较高，全年生长季节均可定植，定植时间以春秋两季为最好。如果春季定植的话，在上一年秋季的时候要做好土壤改良的工作；秋季定植的话，最好春季做好土壤改良的工作。黑龙江种植蓝莓多选择春季进行定植，如果棚室种植，可在 4 月中旬进行定植；如果陆地种植，可在 5 月初进行定植。

2. 定植方式与密度

黑龙江省蓝莓在定植过程中宜进行起垄栽培，土壤翻耕深度以 20～25 厘米为宜，整好地后进行台田，台面中间定植一行。定植株行距因品种不同，矮丛品种一般株距为 50～70 厘米，行距为 0.8～1.0 米（图 2-28）；半高丛蓝莓株距一般为 80～100 厘米，行距为 1.5～2 米。黑龙江省北部地区土地面积较大，大面积栽植蓝莓后，为了便于机械化耕作、除草等，无论哪个品种，行距最好不要小于 2 米，否则中小型拖拉机将无法使用。

图 2-28 矮丛蓝莓定植密度和方式

3. 移栽

蓝莓建园定植苗最好是两年生以上的营养钵大苗，当年生小苗不宜定植。蓝莓定植前将土地调整好，定植点上挖穴，开 50 厘米宽的定植穴，定植穴挖好后，将园土、草炭与掺入的有机物混匀填回。然后将苗木脱钵，脱钵时不要伤及苗木根系和枝条，脱钵后将苗木轻轻放入挖好的穴内，填土踏实，并做出容水穴，立即浇透水，待水全部浸入土中后，再覆土一次，总的埋土深度为使苗的原钵基部略低于垄面即可。春秋季定植时因土壤及气候都很干燥，所以栽植深度应适当深些，应注意的是，栽植时一定要边栽苗边浇水。

4. 配置授粉树

蓝莓建园时，最好配置授粉品种或几个品种搭配栽植，以便达到异花授粉的杂交优势。如美登花粉较多，自花授粉能力强，北村自花授粉能力较差，但果实较大，如果两个品种搭配栽植，相互授粉，便可优势互补。

5. 覆盖

定植后如果在定植带上覆盖落叶松的松针或腐烂的锯末，覆盖物不断地腐解后会很好地调节土壤的酸度，这样可维持多年不用调整酸度。覆盖的具体好处是：定植带上不长草或很少长草，覆盖后一年中基本不用除草，可省掉很多工时，降低生产成本。还可以保持土壤水分，避免水分的流失。并且覆盖物腐解后，不但可以改良土壤，使土壤疏松，而且可以增加土壤的腐殖质，为植物提供绿色氮源。黑龙江省大部分地区落叶松林大片集中，松针收集方便，它是蓝莓覆盖的上好原料。

第五节　蓝莓的综合管理

一、水肥管理

（一）水分

蓝莓在水分方面表现的特点是喜水、抗旱、怕涝，但品种之间差别较大。如果水分不足会直接影响蓝莓树体发育和鲜果产量。一般来讲，当蓝莓园表土以下10厘米左右的土样用手挤压，如果土壤出水证明水分合适，如果挤压不出水，则说明已经干旱需要进行灌水。蓝莓树体春季萌动到秋季落叶，需要的水分相当于每月100毫米，果实膨大到鲜果采收为300毫米。蓝莓主要需水期是果实膨大期和果实成熟期之前，此期如果气候干旱，土壤干燥，就要灌水。

黑龙江省大部分地区降水分布比较均匀，基本上能满足蓝莓的生长要求，但中北部地区大部分河流交错，水源充足，土壤含水量较大，应考虑排水。有条件的地区要配备灌溉设备。灌溉设备主要有喷灌（图 2-29）和滴灌

（图2-30），喷灌的特点是可以预防或减轻霜害。在新建果园中，新植苗木尚未发育，吸收能力差，最适采用喷灌方法，但用喷灌也会造成杂草生长旺盛的问题。滴灌目前应用越来越多，特点是投资小、水分利用率高，水分直接供给每一树体，流失、蒸发少，供水均匀一致，而且一经开通可在生长季长期供应。

图2-29 蓝莓田喷灌设施

图2-30 蓝莓田滴灌设施

（二）施肥

1. 蓝莓的营养特点

蓝莓属典型的嫌钙植物，对钙有迅速吸收和积累的能力，当在钙质土壤上栽培时，由于吸收钙过多，很容易导致钙中毒，造成缺铁失绿现象。蓝莓属低营养植物，树体内氮、磷、钾含量很低，因此对蓝莓过多地施肥于树体不利。蓝莓是喜铵态氮植物，它对土壤中的铵态氮吸收能力很强，而对硝态氮则相反，这就是蓝莓与其他果树的不同之处。

2. 施肥的种类及施肥量

蓝莓属于寡肥植物，随着施肥量的增加，产量逐年降低，单果重降低，果实成熟期延长，枝条贪青，冬季严重抽条。半高丛蓝莓表现更加明显。当土壤腐殖质含量较高时，应不施肥或少施肥，最好采取测土配方，确定施肥量和施肥配方。否则施氮量过多时，很容易造成减产或株丛死亡。但也不是在什么情况下都不施肥，实践证明，在以下情况下必须施肥。

① 沙质土壤和矿质土壤。这两种土壤的有机质含量很低，必须根据测土配方，确定施肥配方及施肥量。

② 土壤有机质含量低于5％的，也必须根据测土配方确定施肥量。

③ 栽培多年的老蓝莓园，因土壤肥力严重下降，也必须根据测土配方确定施肥量。

④ 蓝莓园土壤 pH 值大于 6.0 时，必须施肥。

一般在蓝莓定植后，测量一次土壤肥力，制订蓝莓施肥配方。以后 3～5 年测量一次。蓝莓施肥一般分两次施入较为合理，每次施入总肥量的一半，第一次施肥在蓝莓萌芽时施入，第二次在第一次施肥后的一个月施入，可以采取环状沟施和放射状沟施。环状沟施操作要点：一般结果树采取环状沟施，以树体为圆心，半径为 20～30 厘米处挖一环形沟，深 15～20 厘米，宽 30～40 厘米，将原先备好的肥料混土施入后埋土覆盖（图 2-31）。放射状沟施操作要点：一般幼树应采用放射状沟施，在距树体 20 厘米到树冠外围，挖 3～4 个宽 20～30 厘米、深 10～15 厘米内浅外深、内窄外宽的放射状沟，将有机肥施入后埋土覆盖（图 2-32）。

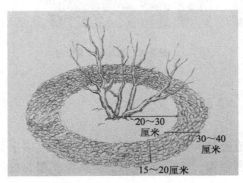

图 2-31　蓝莓环状沟施

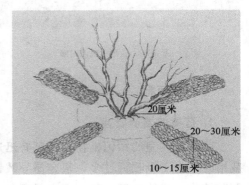

图 2-32　蓝莓放射状沟施

施肥要结合天气，最好在下雨之前进行，或者追肥后进行灌溉，避免烧根等不良后果。施肥与灌溉相结合，不仅可充分发挥肥和水的协同作用，还可以提高肥水利用率，同时又能减少肥料对环境的污染。在蓝莓整个生长期，最好喷施 3～4 次叶面肥，第一次在盛花期，每隔 7 天喷施一次，连续喷施 2 次；第二次在果实膨大期，也是每隔 7 天连续喷施 2 次。

二、植株管理

1. 半高丛蓝莓的修剪方法

如果品种优良，蓝莓定植后第一年就已形成大量花芽，但是为了加强树势，防止过早结果，造成植株枝条生长缓慢，所以定植头两年要疏掉全部花芽，以便促进蓝莓根系的发育，尽早形成强势的树冠，加强结果枝条的快速生长。定植后的第三年春季蓝莓撤防寒土后，主要以修剪小枝条为主（图 2-33），加强当年结果枝条的旺盛生长，如果管理得好，一般第三年单株产量应控制在500克左右，最多不能超过2千克，确保株丛的旺盛生长，为以后的高产、稳产打好基础。

蓝莓进入成年株丛后，行距已形成强势的带状，树冠郁蔽，此时修剪主要以疏枝主，去掉过密枝条和细弱枝、病害枝、防寒除土后的伤残枝。生长势开张的品种修剪时主要采取去弱留强的修剪方法；直立生长型品种，修剪时主要采取疏中心枝的方法，使株丛枝条均匀分布，加强株丛的通风透光率。蓝莓的单枝结果条最好、最多年龄为5～7年，一般超过6年的老枝要回缩修剪，弱小枝条应尽早抹芽，使其形成壮枝。蓝莓园定植20年以后，整个株丛地上部分衰老，果实的质量和株丛的产量都会严重地下降，此时的修剪主要采取从株丛底部紧贴地面处全部锯掉，使其第二年重新萌发新枝（图2-34），虽然当年没有产量，但第二年比更新前的产量会提高几倍。

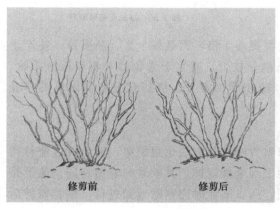

图 2-33　2～3 年半高丛蓝莓修剪前和修剪后

图 2-34　半高丛蓝莓新发枝条

2. 矮丛蓝莓的修剪

矮丛蓝莓如果陆地种植可以不进行修剪，如果棚室种植以食鲜果为主就要进行修剪，除去多余的营养枝、细弱枝、伤残枝，增加通风透气性（图2-35、图2-36）。进入盛果期后的矮丛蓝莓，原则上当产量下降时，就应进行修剪，以保证蓝莓产量均衡。矮丛蓝莓的修剪主要有两种方法：

（1）烧剪

在休眠期将地上部全部烧掉，使地下茎萌发新枝，当年形成花芽，第二年结果，以后每2年烧剪1次，这样可以始终维持壮树结果。烧剪后当年没有产

图 2-35　矮丛蓝莓修剪前　　　　　　　　　图 2-36　矮丛蓝莓修剪后

量，但第二年产量比未烧剪的产量可提高 1 倍，而且果个大、品质好，使产量损失得以弥补。另外烧剪之后，新梢分枝少，适宜于采收器采收和机械采收，提高采收效率，还可以消灭杂草、防止病虫害等。烧剪宜在萌芽以前的早春进行。

（2）平茬修剪

平茬修剪是林区普遍采用的修剪方法，其方法也很简单，即用林区清林用的割灌机，将蓝莓株丛从基部将地上部全部锯掉，其效果与烧剪相同。关键是留桩高度，留桩高对生长结果不利，所以平茬时应紧贴地面进行。平茬修剪后地上部留在果园内，可起到土壤覆盖作用，而且腐烂分解后可提高土壤有机质含量，改善土壤结构，有利于根系和根状茎生长，平茬修剪时间为早春萌芽前。

三、防寒管理

黑龙江南部地区防寒一般在 10 月中旬开始，冷棚可推迟到 11 月中上旬。防寒前 7~10 天剪除植株上的病枯枝和基生的青嫩徒长枝，对蓝莓种植畦沟的土壤进行全面翻耕，剔除石头等硬杂物，整平耙细，使土壤保持细碎的状态，做防寒土备用。为防止土壤干裂、地温激变和春季土壤过分干旱，全园要浇透一次封冻水，保证水分渗透到蓝莓根系生长的土层以下，30~35 厘米以上深度。即使此阶段有降雨或者降雪，但雨雪量往往不能满足上述要求，浇封冻水工作仍需进行。

（1）覆盖防寒法

封冻前在树体上覆盖树叶、稻草、草帘、编织袋等可起到越冬保护的作用，防寒前应灌透水。冬季最低温度在零下15摄氏度以上地区效果较好，覆盖厚度5～8厘米即可；在冬季最低温度低于零下15摄氏度的地区，覆盖厚度需要增加。此方法在冬季较干旱地区仍会出现抽条，效果不尽如人意。

（2）堆雪防寒法

在北方寒冷多雪地区，冬季可以进行人工堆雪防寒。由于取材方便，所以具有省工、省时、费用少、保持土壤水分等优点。一般覆盖厚度以树体高度2/3为宜，适宜厚度为15～30厘米。经堆雪防寒的效果好，很少有抽条现象，产量也大幅度提高，但这一方法受地域限制，冬季降雪少或不积雪的地区不能使用。

（3）埋土防寒法

蓝莓防寒越冬最有效、最经济的方法是埋土防寒法，不同品种和树龄蓝莓防寒的操作方法和标准有所差异。在我国东北地区，蓝莓栽培中可以使用培土防寒方法（图2-37）。防寒作业在每年大地封冻前几天进行，要尽量选晴好天气。具体做法是：矮丛蓝莓一般将蓝莓株丛和枝条向南一侧压倒匍匐，用手慢慢地压倒在蓝莓垄上，取行间细碎的土壤将株丛埋严实，以枝条不露出和不透风为度，厚度一般为10～15厘米；对于半高丛幼龄（2～3年生苗）生产田，将相邻两株苗顺行向向中间并拢匍匐压倒，取行间细碎的土壤将株丛埋严实，厚度12～15厘米；对于进入结果期的成龄半高丛蓝莓应垫枕头土，适当加大培土厚度，半高丛蓝莓的枝条比较脆，容易折断，因此，采用埋土防寒的果园宜斜植或在幼树时期采用。当树体长大后，培土量会增加，加上春季撤除培土，不仅费工、费时，增加

图2-37 蓝莓埋土防寒

投入，而且对树体损伤大，常造成折断枝条和花芽损伤现象，影响生长和结果。低洼地高畦种植的蓝莓田在防寒时也应加大培土厚度。注意在埋土时要尽量使蓝莓枝条和土壤表面接触，不能出现空腔及裂缝现象。进入结果期的蓝莓枝条比较硬，容易折断，因此在操作时应逐渐用力压倒株丛，避免枝条

折断。第二年春季树体芽鳞片开始松动时，撤土，并将株丛扶正。撤土过程中尽量减少枝芽损伤，苗中间的土也要撤净。埋土防寒效果好，抽条很轻，生长结果好。操作时可两人配合作业，这种方法可有效地保护蓝莓株丛安全越冬。

（4）利用草帘和塑料薄膜防寒

防寒前，在顺行间以植株定植线为准，略高于植株，架一道横梁，材料可以使用木杆、竹竿或铁管。在架好的横梁上覆盖塑料薄膜，塑料薄膜宽度能使其两侧下垂接地并能压住土，在两侧接地部位压严土后，上面再覆盖草帘，草帘要盖严，不能露塑料薄膜，然后用拉线或卡线固定草帘，以防大风将其吹开。双层覆盖防寒材料使用较多，但防寒时比较省工，材料可以重复利用。重要的是防寒效果好，在冬季最低温度不低于零下 25 摄氏度地区几乎没有冻害和抽条，树体生长健壮，果实品质好、产量高。利用双层覆盖防寒法应注意以下环节：防寒时间要适时，不能过早，以外界最高气温稳定在 5 摄氏度以下为宜，过早会使芽伤热；防寒前墒情不好时需灌一次透水；来年开春及时一次性撤除防寒物。蓝莓的防寒方法应根据当地的自然条件和树龄灵活掌握，在北方寒冷多雪地区，堆雪防寒是既经济又有效的方法；在冬春季降水丰富，又不太寒冷的地区，覆盖就能达到理想效果；在树体较小时，培土防寒效果也令人满意；在树体较大、冬春降水不是很多特别是春季风大的地区最好采用双层覆盖防寒。

四、病虫草鸟害防治

（一）蓝莓虫害

1. 花芽虫害

（1）蓝莓蚜螨

蓝莓蚜螨是危害蓝莓未开绽芽的最重要害虫之一，虫体极小，肉眼难以发现，并且蓝莓蚜螨大部分时间生活在芽内。蚜螨的发生可以从其危害症状来鉴别：芽部分粗糙，赘状物伴随变红色，有时幼果出现红色斑点，危害严重时造成芽死亡，产量下降。防治的方法是在果实采收后每公顷喷施马拉硫磷 0.62 千克/1200 升水溶液，6～8 周后再喷施 1 次，或在果实采收后施用马拉硫磷油溶剂。

（2）蓝莓蚜虫

蓝莓蚜虫主要以成蚜和若蚜刺吸蓝莓汁液造成危害，虫体极小，难以发现，并且繁殖迅速，传播蓝莓鞋带病毒，该病毒对蓝莓生产危害严重。主要发生在嫩叶、嫩芽及花蕾上，嫩梢受害后新梢伸长受阻，严重时梢尖弯曲；受害花蕾不能正常开花或花畸形不能坐果；幼果受害后，轻则果实成熟后蚜虫蜕皮残留果面且果面存有蚜蜜斑点，严重影响果实的商品价值。

防治方法是利用天敌控制蚜虫的发生。天敌有瓢虫、蜘蛛、草蛉、寄生蜂等。保护蚜虫天敌生存场所可有效增加天敌数量，从而控制蚜虫危害。可以悬挂黄色粘虫板，悬挂数量为每亩 30 张。当蚜虫大面积发生时，可用药剂吡蚜酮、氟啶虫酰胺等进行防治。

（3）切根毛虫和尺蠖

其危害主要症状是花芽上蛀虫孔，引起花芽变红或死亡。尺蠖是鳞翅目尺蛾科的幼虫，每年发生 1 代，以蛹在树下土中 8～10 厘米处越冬。第二年 3 月下旬至 4 月上旬羽化。雌蛾出土后，当晚爬至树上交尾，卵多产在树皮缝内，卵块上覆盖雌蛾尾端绒毛。4 月中下旬蓝莓发芽，幼虫开始孵化为害，为害盛期在 5 月份。5 月下旬至 6 月上旬幼虫先后成熟，入土化蛹越夏越冬。一般这两种虫害危害较轻，不至于造成产量损失。在开花前施用 1‰甲维盐乳油 1500倍液即能有效控制。

（4）蔓越橘象甲

蔓越橘象甲是北方蓝莓中常见的害虫之一，体长约 3.15 厘米，暗红色。在早春芽刚膨大时从芽内钻出为害，主要造成花芽不能开放，叶芽出现非正常的簇叶。

2. 果实虫害

（1）蓝莓蛆虫

蓝莓蛆虫是危害北方蓝莓果实最严重和最普遍的害虫，成虫在成熟果实皮下产卵，使果实变软疏松，失去商品价值。成虫发生持续时间较长，因此需要经常喷施杀虫剂。采用诱捕方法监测幼虫数量对确定喷药时间和次数有效。叶面或土壤喷施亚胺硫磷和马拉硫磷对蓝莓蛆虫的控制效果较佳，因成虫发生持续时间较长，需要在成虫时期多次喷施。

（2）李象虫

李象虫是危害蓝莓果实的另一个重要害虫，成虫体长约 0.4 厘米，在绿色果实的表面蛀成一个月牙状的凹陷并产一个卵。1 只成虫可产 114 个卵。幼虫钻入果实并啃食果肉，引起果实早熟并脱落。判别李象虫发生的主要特征是，果实表面月牙状的凹陷痕和果实成熟之前地面脱落的萎蔫的果实。

（3）蔓越橘果蛆虫

蔓越橘果蛆虫在绿色果实的花萼端产卵，幼虫从果柄与果实相连处钻入果实，并封闭入口直到果肉食用完毕。然后钻入另一个果实继续为害。1只幼虫可危害3～6个果实。被危害的果实可在幼虫入口处充满虫粪，被危害和未被危害的果实往往被丝状物网在一起。被危害的果实往往早熟并萎蔫。桂森和亚胺硫磷对防治蔓越橘果蛆虫效果较好。

（4）樱桃果蛆虫

樱桃果蛆虫是第四种危害蓝莓果实的虫害。幼虫在果实花萼里出生并啃食果实直到幼虫成熟一半，然后转移邻近的果实上继续为害。这一转移过程中幼虫不暴露，最终使两个受害果实粘在一起。喷施亚胺硫磷可有效防治这一虫害。

3. 叶片虫害

蓝莓叶片虫害最普遍和最严重的是叶蝉。叶蝉为棕灰色，楔形，体形约0.074厘米。叶蝉对蓝莓叶片的直接危害较轻，但携带并传播的病菌可造成严重的生长不良。第一次喷施控制蓝莓果蛆虫的药剂可控制叶蝉，但需要第二次喷施以控制第二代和第三代幼虫的发生。

叶螟和卷叶螟对蓝莓产生的经济损失则较小，现已发现主要有两个种。它的危害主要是幼虫将其危害的叶片卷起。喷施防治果实虫害的药剂即可有效防治叶蝉和卷叶蝉。

4. 茎干虫害

介壳虫是危害蓝莓茎干的主要害虫，介壳虫可引起树势衰弱、产量降低、寿命缩短。如果防治不及时，往往侵害严重。防治的方法是在芽萌发前喷施3％的油溶剂。

另一种危害蓝莓茎干的害虫是茎尖螟虫。它在枝条茎尖产卵，幼虫啃食茎尖组织造成生长点死亡。喷施防治危害果实虫害的药剂可有效控制茎尖螟虫的成虫。

（二）蓝莓病害

1. 真菌性病害

（1）僵果病

僵果病是蓝莓生产中发生最普遍、危害最严重的病害之一。该病主要为害幼嫩枝条和果实，导致枝条死亡，果实出现红黄色、皱缩脱落、变干发黑。在侵害初期，成熟的孢子在新叶和花的表面萌发，菌丝在叶片和花表面的细胞内和细胞外发育，引起细胞破裂死亡，从而造成新叶、芽、茎干、花序等突然萎蔫、变褐。越冬后，落地的僵果上的孢子萌发，再次进入第二年循环侵害。据调查，在最严重的年份，可有 70％～85％ 的蓝莓受害，较轻的年份也可达 8％～10％。僵果病的发生与气候及品种相关。早春多雨和空气温度高的地区往往发病严重，冬季低温长的地区发病严重。

生产中可以通过品种选择、地区选择降低僵果病危害。入冬前，清除果园内落叶、落果，烧毁或埋入地下，可有效降低僵果病的发生。春季开花前浅耕和土壤施用 0.5％ 尿素也有助于减轻病害的发生。可以根据不同的发生阶段，使用不同的药剂。早春喷施 50％ 的速克灵可以控制僵果的最初阶段，开花前喷施 20％ 的嗪胺灵可以控制第一次和第二次侵染，其效果可达 90％ 以上。嗪胺灵是现在防治蓝莓僵果病最有效的杀菌剂。

（2）茎溃疡病和枝条枯萎病

茎溃疡病危害最明显的症状是"萎垂化"，或者茎干在夏季萎蔫甚至死亡。严重时，一个植株上多个茎干受害。气候炎热时受害叶片变棕色。随枝条成熟，叶片卷在枝条上呈束状。茎干溃疡病侵染部位往往位于枝条基部，并呈扁平状。枝条枯萎病往往发生在 5～15 厘米的当年生枝条，主要症状是顶尖死亡。

防治的方法是，在休眠期修剪时，剪除并烧毁萎蔫和失色枝条，在夏季，将发病枝条剪至正常部位。园地选择上，尽可能避免早春晚霜危害地区，采用除草、灌水和施肥等措施促进枝条尽快成熟。喷施防治僵果病的药剂可以减轻茎干溃疡病的危害。

除了以上两个主要真菌病害外，其他真菌病害还有叶斑病、烂根病、烂果病等。

2. 病毒病害

蓝莓生产危害较重的病毒性病害有几种，一般情况下，病毒性病害传播主要是昆虫类，如蚜虫、线虫、叶蝉等。一旦植株感病，则危害一生。防治的最好措施是以预防为主。一旦发病，应尽快清除感病植株，同时喷施杀虫剂，控制害虫携带病毒向外传播。

（1）蓝莓枯焦病毒

蓝莓枯焦病毒可以引起叶片和花死亡。受害植株最初表现病状是在早春花期，主要是花萎蔫，并少量死亡，接近花序的叶片少量死亡，老枝上的叶片叶缘失绿，这种病状每年发生。随着植株生长，受侵害萎蔫的花朵往往不能发育成果实，从而引起产量降低。

防治这一病害的最佳方法是定植无病毒苗木，选择定植园时，确保该地及邻近园没有此类病毒。尤其值得注意的是，若邻近蓝莓园种植的是抗病品种，虽无症状表现，但却可能感病，是永久性的病源。一旦发现植株受害，应该马上清除烧毁，并在3年内严格控制蚜虫，防止以后发病。

（2）蓝莓鞋带病毒病

蓝莓鞋带病毒病是蓝莓生产中发生最普遍、危害最严重的病害。该病最显著的症状是当年新枝和1年生枝的顶端长有狭长、红色的带状条痕，尤其是向光一面表现严重。在花期，受害植株花瓣呈紫红色或红色，大多数受害叶片呈带状（由此而称"鞋带病毒"），少数叶片沿叶脉呈红色带状或沿中脉呈红色带状。有些叶片呈月牙状变红或全部变红，受害枝条往往上半部弯曲。蓝莓鞋带病的传播是从植株到植株，主要靠蓝莓蚜虫传播。这一病毒的潜伏期为4年，即受侵染植株4年后才表现症状。利用带病毒植株繁殖苗木是这一病毒在远距离传播的主要方式。

防治最重要的措施是杜绝病株繁殖苗木。当在田间发现受害植株后，用杀虫剂严格控制蓝莓蚜虫，利用机械采收时，应对机械器具喷施杀虫剂，以防其携带病毒蚜虫向外传播。

（3）蓝莓叶片斑点病

蓝莓叶片斑点病到目前为止，发生区域较少，但一旦发病则危害严重。从发病开始，几年内茎干死亡直至全株死亡。不同品种对此病的抗病性不同，症状表现也不一致。一般受害植株表现为多年生茎干死亡，重新抽生的枝条生长矮小并畸形生长，叶片有斑点，有时枯斑，呈现为粗糙的环形"窗口"，进一步发展成叶片畸形并呈条状枯焦。蓝莓叶斑病主要由蜜蜂和大黄蜂的授粉活动传播，其传播范围根据蜜蜂的活动范围可达1000平方米以上。在一个10000平方米果园，如有一株植株受病毒侵染，在10年内，其受侵染率可达50%以上。利用病株扩繁苗木也是其重要传播方式。

防治此病的最佳方式是清除病株。利用杀虫剂则使蜜蜂不能授粉，从而影响产量和品质。蓝莓叶斑病的潜伏期为4年，因此，早期诊断显得非常重要，在生产中控制放蜂也可有效控制此病的传播，新建果园应离开感病果园至少2000米。

（4）花叶病

花叶病是蓝莓生产中较为普遍的一种病害，该病的发生可减少15%的产量损失。花叶病的发生与基因型有关，该病的主要症状是叶片变黄绿、黄色并出现斑点或环状枯焦，有时呈紫色病斑。症状的分布表现为在株丛上呈斑状，不同年份症状表现也不同，在某一年表现症状严重，但下一年则不表现症状。

花叶病主要靠蓝莓蚜虫和带病毒苗木传播，因此，施用杀虫剂控制蚜虫和培育无病毒苗木可有效地控制该病毒的发生。

（5）红色轮状斑点病

红色轮状斑点病发生可引起至少 25％ 的产量损失，植株受病时，一年生枝条的叶片往往表现为中间呈绿色的轮状红色斑点，斑点的直径为 0.05～0.1 厘米。到夏秋季节，老叶片的上半部分亦呈现此症状。该病毒主要靠粉蚧传播，另一种方式是带病毒苗木传播，防治的主要方式是采用无病毒苗木。

（三）蓝莓田除草

蓝莓必须不定期地除草，除草的蓝莓园与草荒的蓝莓园产量相差约 50％。蓝莓定植后 2～3 年必须采用人工除草，因为蓝莓对除草剂非常敏感，到目前为止，还没有一种除草剂对蓝莓无害。蓝莓园做好覆盖并结合定期旋耕，就不会出现草荒现象，而且用工量也不会很多。蓝莓定植带上如果覆盖得好，一年中基本没有针叶草生长，最多生长少量阔叶草，每年入秋前人工清理一次即可。行间作业带当草长高 10 厘米左右时进行一次旋耕，旋耕深度为 10～15 厘米，嫩绿的杂草被旋耕型搅碎后埋入土中，腐烂后对蓝莓生长非常有利。机械最好选择 28 马力（1 马力≈745.7 瓦）左右带有动力输出装置的拖拉机，拖拉机轮间距在 1.4 米以内，旋耕型规格在 1.4 米宽以内。这样配套使用效果非常理想。蓝莓园定植 4 年后，由于根状茎窜生行走，行间形成一条茂密的带状，机械除草已无法进行，必须使用除草剂。但使用除草剂必须十分小心，喷施时要压低喷头，喷于地面，绝不要喷到树体上，以免造成药害，蓝莓园常用的几种除草剂如下，请按说明书使用，仅供参考。

① 敌草隆。低毒除草剂，内吸性除草剂，具有一定的触杀性，是蓝莓园中最常用的除草剂。它能够杀死大多数的一年生阔叶杂草，应用敌草隆可基本上控制蓝莓园杂草而对树体和产量无不良影响，使用的时间从春季到果实采收前 1 周。敌草隆对多年生杂草无效。

② 西马津。内吸传导除草剂，对控制一年生杂草有效，它主要靠根系吸收起作用，应在杂草萌芽前施用。在杂草出土以前，当有充足降水之后马上喷施西马津，这样药剂很快被杂草所吸收而起作用。西马津作用的症状是杂草叶片和顶端失绿。西马津对蓝莓不仅没有伤害作用，而且还能促进地上部生长，每亩用 50％可湿性粉剂 0.25～0.4 千克，加水 150 千克喷雾。

③ 草甘膦。内吸传导型广谱灭生性除草剂，用于难以控制的多年生恶性杂草的控制。在生长季应用可引起蓝莓枯梢、叶片失绿等症状，在成年树上土壤施入少量时，药害症状需过 1 年后才能恢复。因此，应用草甘膦主要在行间，或台沟。

④ 乙氧氟草醚类。低毒，触杀性除草剂。阔叶杂草多的蓝莓园可用 24％乙氧氟草醚 50 毫升/公顷，兑水喷雾，防效达 95％以上。

⑤ 异丙甲草胺类。低毒除草剂，单子叶杂草多的蓝莓园可用 72％异丙甲草胺 180 毫升/公顷，兑水喷雾，防效可达到 95％，两种杂草量相当的果园可用二者的混用剂，即 24％乙氧氟草醚＋72％异丙甲草胺（40＋140）毫升/公顷（1：10 的比例）兑水喷雾，总防效可达 97％以上。

（四）鸟害

蓝莓果实色泽鲜艳、适口性好，深受鸟类的"青睐"，常给蓝莓田造成较大损失。主要是喜鹊、灰喜鹊、蓝鹊、麻雀等鸟类。蓝莓果实被鸟啄食后，一部分被直接吃掉，另一部分则伤痕累累，且残果遍地，失去商品价值，还会引发金龟子、果蝇等害虫进一步为害。同时在被啄的伤口处病菌大量繁殖，并扩散侵染健康叶片和果实。

防治方法主要有：

① 设置防鸟网。对面积较小的蓝莓园，在鸟类为害前用保护网将蓝莓园罩盖起来即可。同时还可以和防雹结合，采后可撤去保护网。该法是防治鸟害效果最好的方法，但缺点是投资较大。

② 人工驱鸟。鸟类在清晨、黄昏时段为害果实较严重，管理者可在此时前到达蓝莓园，及时把来鸟驱赶到园外。被赶出园外的害鸟还可能再回来，因此，15 分钟后应再检查、驱赶 1 次。每个时段一般需驱赶 3～5 次。这个方法比较费工费时，还容易看不住鸟。适合种植面积小的果园。

③ 声音驱鸟。声音驱鸟是利用声音来把鸟类吓跑。鸟类的听觉和人类相似，人类能够听到的声音鸟类也能够听到。声音设施应放置在果园的周边和鸟类的入口处，以利用风向和回声增大设施、电子放大声响驱赶鸟群，或者利用不同种类鸟的哀鸣，对同类的鸟起到恐吓作用，还可以把它们的天敌吸引过来，把过路的鸟类吓跑。同时可以将鞭炮声、鹰叫声、敲打声、鸟的惊叫声等用录音机录下来，在园内不定时地大音量放音，以随时驱赶园中的散鸟。

④ 置物驱鸟。鸟类的视觉很好，会敏锐地发现移动的物体和它们的天敌，但是鸟类对视觉的反应不如对声音的反应强烈，所以置物驱鸟最好和声音驱鸟

结合起来，以使鸟类产生恐惧，起到更好的防治效果。使用这两种方法应及早进行，一般在鸟类开始啄食果实前开始防治，以使一些鸟类迁移到其他地方筑巢觅食。一般在气球上面画一个恐怖的鹰的眼睛，放在果园的上空，能够飘来飘去，起到驱鸟的作用；或者在蓝莓园挂一些彩色闪光条，散光条随风舞动，且可以反射太阳光，起到驱鸟的作用；还可以在园中放置假人、假鹰，可短期内防止害鸟入侵。

⑤ 烟雾和喷水驱鸟。在果园内或园边释放烟雾，可有效预防和驱散害鸟，但应注意不能靠近蓝莓，以免烧伤枝叶和熏坏树体。有喷灌条件的果园可结合灌溉和喷水驱鸟。

五、蓝莓采收及采后处理

（一）采收

蓝莓的采收时机是影响蓝莓品质以及贮藏的重要因素，一般在采摘的前 2 周要减少蓝莓浇水的次数，浇水量不能忽高忽低，否则容易造成裂果现象。在蓝莓转色之后的 5～7 天是蓝莓最佳采收时间，如果采摘过早，容易造成果实小、风味差，果实品质低；如果采摘过晚，会降低果实的耐贮运性能。由于果实成熟多在高温多雨的夏季，尽量避开雨天采收，避免果实出现霉烂现象。在黑龙江种植矮丛蓝莓，在蓝莓收获的季节还要注意防止鸟类的取食，特别是在山区种植蓝莓，如果不架设防鸟网，严重时会造成蓝莓绝产。

1. 人工采收

一般供鲜食的果最好采用人工采摘，半高丛蓝莓成熟期不一致，一般采收时间可持续 3～4 周，所以要分批采收，一般每隔 1 周采收 1 次。矮丛蓝莓果实成熟比较一致，先成熟的果实一般不脱落，可以等果实全部成熟时再采收。在黑龙江省，陆地矮丛蓝莓果实成熟的时间在 7 月中下旬，采摘时一般工人在身前绑一个采摘筐，先轻轻振荡蓝莓枝条，让果实掉落到采摘筐里，不易脱落的再用手摘掉，然后放入采摘筐，在采摘的过程中要注意双手的清洁，同时尽量不要斜着摘果，防止扯掉果蒂处的果皮，造成果实不耐贮藏。

采收的效率跟工人的熟练程度有关，在黑龙江地区一般每小时人工可以采收 3～14 千克不等，采收的人工费用一般 1～5 元/千克或者 10～15 元/小时。

2. 机械采收

由于劳动力资源的缺乏，以及人工成本的逐年增加，机械采收越来越受到重视。机械采收一般每小时可以采收 1 吨的果实，大大降低了人工成本，提高了生产效率。由于蓝莓属于小浆果，用机械采收的过程中会造成果实的破损，据统计损失量可达总产量的30%，而且国外生产的自动化采收器价格比较昂贵，不适合小面积种植户。

黑龙江省野生蓝莓在采摘的过程中常用一种手持式梳齿状采收器，采收时将采收器从植株的底部插入株丛，向上捋起，然后再清除枝叶等杂物，破损的果实也要及时清选，大大提高了采摘的效率。

（二）蓝莓采收后处理

1. 蓝莓预冷处理

刚采收的蓝莓温度较高，而且果实自身不断产生热量，再加上果实的水分不断蒸发，果实的新鲜度会很快降低。因此，田间采回的鲜果要及时进行预冷处理，以降低果实的代谢活动，保持新鲜。果实从田间采回后及时冷却10摄氏度，去除果实在田间的温度，就是进行提前预冷。预冷的措施主要有三种，分别是真空冷却、冷风冷却以及冷水冷却。真空冷却即通过蒸发果实表面的水分实现温度的降低，这种方式冷却速度快，20～30分钟即可完成；冷水冷却即采用冷水进行喷淋，速度比较快，但是比较容易造成果实腐烂；冷风冷却即用冷冻机制造冷风冷却果实的方式，采用这种方式冷却果实利用价值高。冷风冷却分为强制冷却和差压冷却，强制冷却即向预冷库内强制通入冷风，但有外包装箱时冷却速度较慢，为了尽快达到热交换，可在外包装上打孔。差压冷却即在预冷库内所有外包装箱两侧打孔，采用强制冷风将冷空气导入箱内，达到迅速冷却的目的。

2. 果实分级

目前，国内蓝莓鲜果依据果实直径大小进行分级。矮丛蓝莓主要用于果品加工，一般不进行分级。半高丛蓝莓和高丛蓝莓主要鲜食，品质越好，效益就越高，依次为特级果、大果、中果和小果。分级标准因栽培模式不同而异。南方大棚和北方温室分级标准为：特级果大于或等于22毫米，大果大于或等于18～22毫米，中果大于或等于15～18毫米，小果大于或等于12～15毫米；露天生产分级标准为：特级果大于或等于18毫米，大果大于或等于15～18毫米，中果大于或等于13～15毫米，小果大于或等于10～13毫米，其余小果、破损果为外级果，外级果不再作为鲜果销售。

分级可以采用人工分级和机械分级。人工分级就是果实大小以直径为准，用分级板分级。分级板上有各种规格不同圆孔，分级时，将果实按直径大小对准孔眼比较大小（能否通过某个等级圆孔），分成1、2、3、4级。分级人要有目测和判断能力，长时间分级生理疲劳会导致分级操作失误，错分等级，而且劳动成本高，无法适应国内外市场的要求。机械分级是采用大型蓝莓选果机，可以实现自动上果输送带、去杂、分级、包装、贴签等程序，分选速度可以达到一个小时 1.5 吨的处理量，大大提高了效率。

3. 果实包装

通过包装能够改变外观，提高产品在市场的竞争力，还可以防止有害病菌的传播蔓延，减少腐烂。包装后减少了蓝莓果实之间的碰撞、挤压、摩擦，减少损伤，通过包装减少水分过度蒸发，有助于保鲜。蓝莓的包装通常选用有透气孔的环保透气塑料小盒，将分好级的蓝莓鲜果装入盒中。按标准称重，一般每盒果重 125 克（图 2-38）。包装可以选择机械包装和人工包装，包装后根据自己的品牌，贴上商标标识。为了运输方便，可将小包装放入大的外包装箱，外包装应具有坚固抗压、耐搬运的功能，同时应美观大方，含有广告宣传的作用，装箱之后就可以销售或暂时放入贮藏室，贮藏室温度保持在 0～1 摄氏度。

图 2-38　盒装蓝莓

4. 蓝莓贮藏

贮藏环境的温度、相对湿度及气体浓度对蓝莓的贮藏效果都有一定的影响。通常 0～5 摄氏度为蓝莓较适宜的贮藏温度，果实贮藏期可达 1 个月左右。贮藏环境的相对湿度应控制在 80%～95%，相对湿度高可以有效控制蓝莓水分的散失。蓝莓冷藏时需要提前对冷藏库进行消毒，消毒后要进行彻底通风。

要密切监测库内的温度及相对湿度条件，尽量保证库内温湿度的适宜性，并定时通风排出不良气体，依据不同品种特性制订科学合理的冷藏温度，这可以有效减少果实遭受低温伤害。果实的堆放形式主要为"品"字形或"井"字形，在果堆中间要留出一定的人行道，这样有利于进行通风散热以及操作管理。

（1）低温贮藏

蓝莓预冷后，保存在温度为 0～1 摄氏度、相对湿度在 90%～95% 的条件下。

（2）冷冻贮藏

冷冻贮藏主要针对加工型的蓝莓，或者远距离运输，冷冻温度在零下 18 摄氏度以下，冷冻贮藏时间在 6～18 个月。冷冻蓝莓可以装入大包装或者定量的容器中进行冷冻，在冷冻前要做好去杂、清洗等工作。

（3）速冻贮藏

为了更好地保持蓝莓原有风味和品质，利于长期贮藏，现代化生产采用了成套单粒果实速冻生产流水线，速冻就是利用零下 40～零下 35 摄氏度或零下 60 摄氏度超低温，使果实在 12～15 分钟内迅速冻结，使果实中心温度达到零下 20 摄氏度，从而达到冷藏保鲜的目的。速冻保存使浆果细胞内形成小冰晶。小冰晶在细胞内和细胞间隙中均匀分布，细胞并不受损伤或破坏，还可以遏制浆果内各种酶的活力，很好地保持了果实原有的色、香、味和组织结构，达到长期贮藏的效果。

（4）气调贮藏

气调贮藏是在果实采摘后，利用人工控制气调库或自发气调包装等方式对贮藏环境的气体条件进行调节，显著延长果品的货架期。气调贮藏是继低温冷藏后发展的第二代果蔬产品保鲜技术，近年来得到的研究和应用非常广泛。主要可分为薄膜封闭气调法、气调冷藏库贮藏和减压贮藏法。薄膜贮藏具有灵活、方便、成本低等优点。气调冷藏库适合大批量的蓝莓长期贮藏用。减压贮藏是将果品保藏在低温、低压的环境下，并不断补给饱和湿度空气，以延长蓝莓保藏期的一种保藏法。目前气调保鲜库的推广还存在一定难度，主要是由于创建气调保鲜库成本相对较高，且对技术的要求比较严格，不适合小面积种植户。

5. 蓝莓加工产品

（1）蓝莓果干

工艺流程：蓝莓→筛选、清洗→糖渍→沥干→烘干→杀菌→包装→检验→

果干产品。

操作要点：①选料。选取饱满且大小均匀的蓝莓，并剔除果蒂和腐烂的果子。②清洗。用清水冲洗蓝莓，去除蓝莓表面的污渍，并沥干。③糖渍：用40％的糖液加热沸腾，然后加入蓝莓，再加热至沸腾，糖渍6～8小时。取出蓝莓，沥干糖分。④烘干。将沥干后的蓝莓置于果蔬烘干机中，调节温度为40～50摄氏度，烘干2～3小时，再调节温度为60～70摄氏度，烘干2～3小时，再调节温度至40～50摄氏度，烘干2～3小时，得到蓝莓干。⑤杀菌。将处理后的蓝莓干放置于杀菌箱内，通过紫外线照射进行杀菌处理。⑥包装。在无菌环境中将杀菌后的蓝莓干装入无毒的包装袋中，可以包装为50克/小包、500克/大包，或者根据市场需求进行包装。

（2）蓝莓果酱

工艺流程：蓝莓→筛选、清洗→打浆→加糖熬制→调配→杀菌→灌装→冷却→包装→检验→成品。

操作要点：①选料。选择成熟度较好、无腐烂、无病虫害蓝莓，因为如果蓝莓成熟度太高，果胶含量较低，就会影响果酱的凝胶性，成熟度太低，也会缺少蓝莓应有的风味。②清洗。将挑选好的蓝莓用清水冲洗干净，洗去表面的杂物，并晾干。③打浆。用水果打浆机进行打浆。④加糖熬制。糖浆现配现用，加水熬制。蓝莓：糖：水的比例为2：2：1，然后加热浓缩，在加热过程中需不停地搅拌，防止烧焦结糊。⑤调配。当果浆浓缩至快成形时加入0.1％柠檬酸。适量的酸度可以减少转化糖的生成，在后期保藏中也可防止果酱流淌现象发生，但酸过量，就会影响果酱的风味。同时柠檬酸又作为护色剂和酸度剂使用，柠檬酸的加入不仅可以增添风味，也可以起到防止褐变、抑菌等作用。⑥杀菌。将密封好的果酱放入杀菌锅中杀菌，选用杀菌温度为100摄氏度，10分钟。⑦冷却。杀菌后应立即进行冷却处理，将其冷却至30～45摄氏度。⑧成品。将产品放在干燥通风的地方保存，防止花青素光解反应。

（3）蓝莓果汁

工艺流程：蓝莓→筛选、清洗→去皮→破碎→煮制→粗滤→调配→均质→灌装→高温瞬时杀菌→冷却→包装→检验→成品。

操作要点：①清洗。将挑选好的蓝莓用清水冲洗干净，洗去表面的污物。②去皮。添加0.1％果胶酶，50摄氏度恒温2小时，然后投入90～95摄氏度的热水中烫1～2分钟，达到灭酶、护色和软化果肉组织的目的。③打浆。用水果打浆机进行打浆，得到蓝莓汁浆。④粗滤。经过过滤机进行过滤。⑤调配。加入蓝莓原汁、白砂糖、柠檬酸等，按配方进行调配。⑥均质。将调配好的料液加热到（74±2）摄氏度，采用胶体磨先粗磨 1 次，然后再细磨 1 次。经胶体磨处理的料液用高压均质机均质，均质压力为 20～30 兆帕。均质后可以使不同粒子的悬浮液均质化，使蓝莓饮料保持一定的浑浊度，不易沉淀。⑦灌装。采用玻璃瓶进行热灌装，罐液的灌装温度为 75～80 摄氏度，灌装时留有一定的顶隙以便形成真空。⑧灭菌。采用高温瞬时灭菌，110 摄氏度加热 5～10 秒。⑨冷却。为了防止玻璃瓶爆瓶，要采用三级冷却的方式，即 80 摄氏度→60 摄氏度→40 摄氏度。⑩成品。置于通风干燥地方进行保存。

（4）蓝莓果酒

蓝莓果酒按照其酿制方法可分为配制型果酒和发酵型果酒。配制型果酒是以白酒或者发酵酒为酒基，加入蓝莓果实或果皮等直接浸泡，或者直接加入一定比例的果汁、甜味辅料、香精、色素等食品添加剂调配而成。配制酒的特点是色泽鲜艳，果香较好，制造方法简单，成本低廉，但不如发酵酒酒感醇厚，缺乏发酵酒的自然感。发酵果酒是指完全由蓝莓原果经破碎、压榨取汁后，通过酵母菌酒精发酵而成的，它能最大程度地保留原果中的天然营养成分和水果的典型风味，营养价值也相对较高。

配制型果酒工艺流程：蓝莓→预处理→灭酶→热浸提→打浆→粗滤→澄清→调配→灌装→杀菌→包装→成品。

操作要点：①灭酶。将挑选好的蓝莓清洗后，在 100 摄氏度条件下烫漂 5 分钟，杀灭酶的活力。②热浸提、打浆。添加 0.1% 果胶酶在 50 摄氏度条件下恒温 2 小时，然后用打浆机打浆后过滤。③澄清。添加 1% 明胶溶液，混匀后静置 24 小时，按 4 克/升的用量加硅藻土混匀，用硅藻土过滤机过滤。④调配。按配方进行调配，可以选用 1000 毫升果汁加入 150 克蔗糖、125 毫升调配基酒（酒精度 100%）、4.2 克柠檬酸和 20 毫升食用甘油进行混合调配。⑤灌装、杀菌。灌装后在 65 摄氏度热水中处理 30 分钟，既可杀灭有害微生物，又能促进果酒的后熟。

发酵型果酒工艺流程：蓝莓→破碎打浆→过滤果渣→果胶酶酶解→成分调整→发酵→澄清→过滤→杀菌→包装→成品。

操作要点：①破碎打浆。将果粒反复用榨汁机榨汁，提高出汁率。②酶解。果胶酶和复合果浆酶添加量 0.25%，水浴温度为 45 摄氏度，水解时间 2.5 小时。③加入浓度为 75 毫克/升的偏重亚硫酸钾和适量蔗糖，接种活化好的酿酒酵母菌种，在适宜温度下进行发酵，主发酵 28 摄氏度发酵 8 天，后发酵 20 摄氏度发酵 20 天，当残糖量降到 0.4% 时，发酵结束。④澄清。于 15～18 摄氏度下静置陈酿 3 个月，分别以硅藻土和 0.1 微米滤膜过滤，得澄清的蓝莓果酒。

（5）蓝莓果醋

工艺流程：蓝莓→预处理→糖酸调整→酒精发酵→醋酸发酵→生醋→陈酿→澄清→过滤→灌装→灭菌→包装→检验→成品。

操作要点：①预处理。挑选并称取无腐烂、破损的蓝莓鲜果，用清水冲洗干净后，破碎均匀并充分搅拌。②糖酸度调整。酵母菌的生长和代谢需要充足的糖源，但糖度不宜过高或过低，糖度过高时，酵母菌代谢速率旺盛，乙醇含量上升趋势较快，发酵速度不易控制；糖度过低时，酵母菌生长代谢速率缓慢，导致发酵期延长，还会伴随其他副反应的产生。酸度也是影响酒精发酵的主要因素，发酵前应该调整果汁的糖酸度。③酒精发酵。将酵母菌菌株在无菌条件下加适当蒸馏水，恒温 30 摄氏度水浴 30 分钟进行活化，然后倒入发酵罐中搅拌均匀，在 28～30 摄氏度条件下密封发酵，果酒中酒精度超过 8％时，渗透压较高，不适合醋酸菌的正常代谢和生长，因此，当蓝莓果酒乙醇含量升至 5％～6％时终止发酵，进行过滤，低温冷藏备用。④醋酸发酵。醋酸发酵取上步操作过程中酒精含量在 5％～6％范围内的酒醪，在 80 摄氏度条件下加热 30 分钟，然后降温至 35 摄氏度，撒入发酵用的固体粉末醋酸菌，定期搅拌并适当通入空气，每天测定发酵液的酸度和酒精度，直到酒精度不再降低，酸度不再增加，发酵结束。⑤陈酿。为提高果醋的色泽、风味和品质，刚发酵结束的果醋要进行陈酿。为防止果醋半成品变质，陈酿时将果醋半成品放在密闭容器中装满，密封静置半年。⑥精滤。陈酿的果醋含有果胶物质，长时间存放易沉淀影响感官品质，加入浓度为 10％的果胶酶，酶解后再用离心机精滤。⑦灭菌及成品检验。将澄清后的果醋用灭菌机灭菌，趁热装瓶封盖，静置 24 小时检验合格后即为成品。

糖度的调整：如果不考虑发酵过程中中间产物，每千克全糖可产醋酸 0.6667 千克。按下列公式调整蓝莓果汁糖度：

$$X = (B/0.6667 - A)W$$

式中　X——应加糖量，千克；

　　　B——发酵后应达到的酸度（以醋酸计），克/克蓝莓汁；

　　　A——蓝莓汁含糖量（以葡萄糖计），克/克蓝莓汁；

　　　W——蓝莓汁质量，千克。

酸度调整：按下列公式将蓝莓果汁的 pH 值调整到 3.5。

$$M_2 = M_1(Z - W_1)/(W_2 - Z)$$

式中　Z——要求调整的酸度，%；

　　　M_1——果汁调整后的质量，千克；

　　　M_2——需添加的柠檬酸量，千克；

　　　W_1——调整酸度前果汁的含酸量，%；

　　　W_2——柠檬酸液浓度，%。

第三章

树莓优质高效生产技术

第一节　走进树莓生产

树莓高效生产
讲解视频集

一、树莓的生物学特性

（一）树莓的营养

树莓与蓝莓、沙棘共被联合国粮农组织定义为第三代水果。果实香味浓郁、柔软多汁、色泽宜人、营养丰富且种类繁多，其中包括糖类、各种维生素和有机酸等。分析表明，树莓果中含有多种维生素、微量元素（铁、锰、锌、铜、硼、钼等）、挥发油类、单宁、酚酸、黄酮、甾醇类及萜类等。树莓果实中氨基酸含量高于苹果、葡萄，常见的氨基酸有 19 种之多。因此，树莓不仅是一种美味水果，还是加工保健营养食品的优质原料。

树莓果实抗氧化能力强，主要原因是果实中含有多种酚类物质，如鞣花酸、花青素、儿茶素、水杨酸、黄酮醇、黄酮类化合物以及抗坏血酸，这些化合物可能对多种疾病具有预防作用。

（二）树莓的分类和分布

树莓别名悬钩子、托盘、马林、山莓、山泡等，草药中称其为覆盆子。多年生落叶灌木。树莓品类丰富、分布广泛，现知约 700 余种。我国树莓已报道的有 204 个种 100 个变种，特有种 138 个，大都以野生状态存在。全世界树莓植物主要分布在北半球温带和寒带，少数分布在热带、亚热带和南半球。实心莓亚属主要分布在南美、欧洲和北美，而悬钩子亚属主要分布在亚洲、东非、南非、欧洲和北美，驯化比较成功的品种则大面积栽培于欧洲，仅欧洲栽培面积就占世界树莓栽培面积的一半，其中主要集中在欧洲中部和北部。近年来，部分南欧国家对发展树莓产业积极性逐步高涨。南美部分国家如阿根廷、智利、危地马拉等有广泛栽培。北美树莓主要分布在美国西北地区，如得克萨斯州、加利福尼亚州、阿肯色州等。

（三）树莓的生长阶段

树莓是处于真灌木和半灌木之间的灌木性木本植物。它与真灌木的不同之处为，它不存在二年生以上的地上枝；它与半灌木的不同在于，半灌木的茎在当年几乎全部枯死，地上只留下很短的部分，而树莓的一年生茎（图 3-1）可以越冬，只在第二年开花结实后才枯死，这也是树莓的独特之处。

1. 枝芽生长

树莓（图 3-1）每年在一年生枝条基部形成健壮的芽，称为基生芽。第二年发出强壮的一年生新梢，称为基生枝。新梢开始生长缓慢，随着气温升高后生长加速，6 月达到高峰，以后生长渐缓。当二年生枝的果实采收之后又恢复生长，9 月以后结束生长。树莓新梢越冬之后即成二年生枝，它不继续生长，只是从去年形成的腋芽中发出结果枝，结果之后枝条从上部向下逐渐枯干，为了有利于基生枝的生长，在浆果采收之后需将二年生枝沿地表剪去。

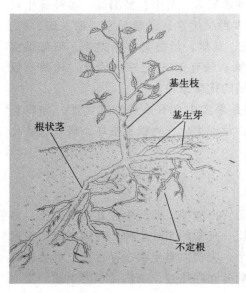

图 3-1　树莓的植株

图 3-2　树莓的花

2. 开花

红树莓当年形成的基生枝上的芽入冬前处于叶芽状态，在第二年春季即 5 月初芽萌动不久转入花芽形态分化阶段。花萼原基分化期为 5 月中旬，雄蕊、雌蕊原基分化期为 5 月 20 日左右，6 月上旬开花前性器官分化完毕，随即花开放（图 3-2）。树莓的花芽在新梢的叶腋中形成，一般以枝条中部的芽发育较壮，同一花序最上部的花先开，花期延续 1 个月之久。果实成熟期在 7 月上旬。

3. 果实成熟

树莓的果实是由许多多汁液的小型果聚合在一花托上组成的聚合果，小果的数目最多能达到近百枚。果实的形状有圆头形、圆锥形、圆柱形、半球形等，颜色有红、黄、黑等。红树莓果重一般 3～7 克，最小的 1.5 克，最大可达 8 克。成熟之后易与花托分离，成为中间空心的果（图 3-3）。黑莓的不同品种果实大小差异更大，小者平均果重 3～5 克，大者 10～20 克。成熟时聚合果与花托不分离（图 3-4），花托肉质，可与小核果一同食用。所以黑莓虽结实率不如红树莓，但是产量与红树莓相当。幼果浅绿色而硬，随果实增大，果皮退掉绿色而呈灰色，果皮变薄脆，同时果色逐渐转为本品种具有的颜色，变成柔软多汁，聚合果自然脱离花托落地。

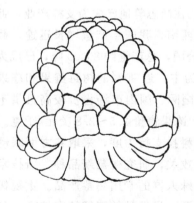

图 3-3 聚合果与花托分离

图 3-4 聚合果与花托不分离

二、树莓产业发展概况与前景

（一）国外发展概况与前景

根据联合国粮食及农业组织统计，目前全世界有 32 个国家开展产业化种植树莓。从 1986 年至今，世界树莓种植面积一直在稳步增长。虽然近年来世界树莓产量持续增加，产量超过 70 万吨，但是树莓市场的供求平衡量达 200 万吨，市场缺口依然巨大。美国是树莓生产大国，生产总量为 8 万吨，总产值近 9000 万美元，美国同时也是树莓产品消费大国，树莓果品短缺状况已持续多年，每年进口量达 6 万吨，才能弥补国内市场不足。南美树莓的发展在一定程度上缓解了美国原料短缺的压力。德国产量约 5 万吨，尚不能满足鲜食市场的需要。半个世纪以来，德国加工企业的原料主要依赖从东欧三国（塞尔维亚、波兰和匈牙利）进口，俄罗斯、乌克兰的树莓生产以家庭自食性庭院种植为主，以内销为辅，产品一直没能进入国际市场。

国际市场上生产的树莓果 95％进入深加工领域，只有 5％进入鲜食市场。德国和美国是世界树莓加工的两大中心。德国是欧洲的最大原料生产国和加工消费中心，年加工量和消费量均占欧洲市场的 50％左右；以德国为中心，控制着90％以上的欧洲市场。美国是南北美洲的加工和销售中心，美国和加拿大两国占据美洲市场的 90％以上。北美和西欧占据世界树莓零售市场的 80％以上。

（二）国内发展概况与前景

我国人工规模化栽培树莓始于 20 世纪 70 年代。虽然起步较晚，但半个世纪以来，发展势头迅猛，前景十分看好。自 2010 年我国有了第一个自主选育的品种"秋萍"至今，黑龙江年产量达 16950 吨，在尚志等地已成为支柱产业，近十多年来生产区域又逐步扩大到华北、西北与西南，我国年产量增长迅速，截至2015 年，全国红树莓种植面积已达 13465.7 公顷，总产量约 80000 吨，已成为红树莓生产大国。国内市场以鲜果、冻果加工为主，近 90％的树莓鲜果和冻果都将出口到欧美市场。优质树莓果及加工品在国际、国内市场售价较高且供不应求，国际市场树莓鲜果售价 7～8 美元/千克，冻果售价 2.5～2.8 美元/千克。

各地政府现已开始加大树莓产业发展的科技支持力度，采取各方面联动机制，政府、企业、科研机构及高校进行联合攻关，研究树莓新品种、新技术与新农机相结合的配套技术体系，开发适宜特殊人群的专用树莓产品。重视树莓种质资源的开发，充分利用我国野生树莓资源，根据种植区域特点培育、种植适宜树种，研制出通用性高的树莓收获机械，注重基层专业人才培养，形成省、市、县、乡、村五级技术培训保障体系并加强相关专业人才培养。

同时，国家正在多方联动开发树莓精深加工产品。树莓深加工制品已辐射涵盖到高端食品、保健品、医药、美容产品等多领域。加大研究基金投入，加强多领域合作，通过企业、科研机构、高校的多方配合，建立深加工配套设施，积极研制树莓饮料、树莓酒、树莓茶、保健品等高附加值制品，有力地提高了树莓的经济价值和行业竞争力。

三、树莓的经济效益

树莓的鲜果价格在我国一直都比较高，主要是根据地区的不同而有所不同。例如在一些中小城市的价格在 16～18 元/斤（1 斤＝500 克），旅游景点的价格则可达 30 元/斤以上。并且树莓在国外也非常受欢迎，出口价格比国内的都要高很多，达到了 80～90 元/斤。树莓的产量每年都在上涨，现在每年有几十万吨的产量，但是依然满足不了国内外市场需求，因此可以看出树莓有着非常大的市场容量。

树莓的生长能力比较强，通常一亩可种植 600 株左右。现在树莓树苗的价格大约在 5 元/株，因此每亩种苗成本大约需要 3000 元。肥料、农药、除草、施肥、浇水等人工管理成本大约在 2000 元，东北地区耕地租赁价格大约为 600 元/亩，包装等后期成本大约 1000 元/亩。第三年进入盛果期，每亩产量可达 2000 斤左右，收购价格约 10 元/斤，因此从第三年开始的种植效益可保证每年大约为 13400 元/亩，一旦进入盛果期可迅速收回成本。

第二节　树莓的类型和优良品种

一、树莓的类型

栽培学上的树莓包括分类学上的树莓和黑莓。树莓和黑莓同属，但分属于不同的亚属。树莓和黑莓的主要区别是树莓亚属的聚合果成熟时与花托分离，形成一个圆锥形或半球形中间空心的果，像一顶溜冰帽，其颜色有红色、紫红色、黄色和黑红色，由于红色果最为常见，故而称之为红莓或红树莓，其他颜色大都是红色树莓的杂交种或变异类型；而黑莓亚属果实与花托不分离且明显肉质化，成为实心莓，果托可食，类似草莓。目前我国树莓品种分类系统尚未完善统一。但可按其特征进行分类，暂不考虑与野生种的亲缘关系和系统关系。我国引种的树莓品种大致可以划分为两大类群。

（一）红树莓类群

红树莓类群的共同特点是：聚合核果，花托与果实易分离，成熟后采下的果实呈帽状，故有人称之为空心莓类群。这个类群是目前世界上品种资源最丰富、栽培面积最大的类群。果实颜色以红色为主（图 3-5），其次还有黄色、紫红色、黑紫色。根据果实颜色又分为四个类型。

彩图：红树莓类群

图 3-5 红树莓类群

① 红树莓类型：果实为红色，又称为红莓。按结果成熟期又可分为夏果型红树莓和秋果型红树莓。

② 黄树莓类型：果实为黄色，又称为黄莓。

③ 黑树莓类型：果实为黑红色或黑紫色，又称黑红莓。

④ 紫树莓类型：果实为紫红色，又称紫红莓。

（二）黑莓类群

黑莓类群的特点是：聚合核果，花托与果实不分离，果实成熟时为实心，花托变成肉质化，故又称之为实心莓类群（图 3-6）。果实颜色为黑色。按其特性及形态又可分为三个类型。

彩图：黑莓类群

图 3-6 黑莓类群

① 直立类型：茎（枝）直立。

② 半直立类型：茎（枝）半直立，需支撑。

③ 匍匐类型：茎（枝）在地面上呈匍匐状。

二、树莓的优良品种

（一）红树莓类群

1. 红树莓

红树莓又名托盘、红马林，是黑龙江省栽培最广泛的品种，尤其在阿城、尚志、海林市栽培最为集中。浆果圆球形，深红色，甜味香浓；花托上的小浆果排列疏松，与花托易分离。植株活力强，抗旱，产量高，单丛结果可达3千克，每公顷产12000～22000千克。7月上旬为产季。当年生枝条深绿色，基部具少量软刺。嫩叶紫红色，叶背银白色。

2. 大红树莓

大红树莓又名大红马林、托盘，浆果大，略呈圆柱形，味酸甜，品质不如红树莓，发根蘖能力强但产量略低。成熟期较红树莓晚1周左右。当年生枝绿色，密生紫色软刺。叶背灰白色，叶柄有紫色软刺。

3. 红宝玉

红宝玉为加拿大马尼托巴省培育的著名抗寒红树莓品种，由吉夫×夏印第安杂交选育而来，由吉林农业大学学者于1981年访美时引入。浆果红色，由100～130粒集生于同一花托上，成熟后容易与花托呈帽状分离；果实比红树莓略大，单果均重2.9克，大果可重达4克。丛高1.6～2米。果实采收期可从6月末延续到8月初。自花结实率高，可栽单一品种。坐果率高，在良好生长条件下每公顷最高产量可达25500千克。叶背灰绿色，主脉及叶柄上有少量小针刺，长1.5～2毫米，其基部有一个紫红色椭圆形小台座。二年生枝深棕色，上面着生当年抽生的结果枝。本品种可以在长春及相似气候地区或更温暖地区推广。

4. 来味里

来味里为夏果型红树莓，来自美国马里兰州，由夏印第安×桑斯（Sunrise）杂交选育而来。该品种植株强壮，直立性较强，根蘖苗较多，高产。果实呈杯形，亮红色，果硬而光亮，中到大果，平均单果重3.3克，鲜食味佳。果实成熟较早，采收期自6月初至7月初达1个月。该品种能忍受多变温度，可在寒冷地区种植。冷冻和运输均不佳，作为自采是较合适的品种。

5. 萨米堤

萨米堤为秋果型红树莓，来自美国俄勒冈州。结果早，平均单果重2.6克，果色暗红，味佳。可忍耐较黏重土壤，高产，耐寒，抗根腐病。

6. 丰满红

丰满红1999年由吉林省审定并命名，长白山野生树莓选育。该品种树势中庸，萌芽率中，成枝力弱，在我国东北地区4月上旬萌芽，5月中旬开花，7月中旬果实开始成熟，一直持续至8月中旬，基生枝5叶开始出现第一花序，两性花，自然结实力中等，果实圆头形，鲜红色，外观好，平均单果重4.9克，酸甜适口，品质佳。

7. 红宝珠

红宝珠1985年由吉林农业大学从美国明尼苏达州引入，2005年1月通过吉林省农作物品种审定委员会审定并定名。植株强壮，少刺，产量中等，采收时间很长，果中熟，不易剥离，小而色艳，平均单果重2.6克，易破，味佳。7月中旬果实开始成熟。该品种枝条直立性强，丛生灌木，高2米左右，发生根蘖能力极强，适宜我国黑龙江、吉林、辽宁、内蒙古、河北等地区栽培。选择土壤为微酸性或近中性疏松肥沃的地块建园。

8. 红宝达

红宝达为1985年吉林农业大学从美国引入的一批树莓品种，在吉林省不同地区经过多年试验研究，从中筛选出丰产、稳产、早熟的树莓新品种。6月末果实开始成熟。2005年1月通过吉林省品种审定委员会审定并定名。丛生灌木，较直立，灌丛高2米左右，长势中庸，枝条粗壮。单果质量3.0克左右，果香味浓。适宜我国北方地区栽培，选择土壤为微酸性或近中性。

9. 双丰红

双丰红栽培范围广，是初生茎结果型品种中最多的，果实质量优良，色味俱佳，硬，冷冻质量高，夏果小，秋果中等，平均单果重3克，成熟迟，不宜种植在夏季凉爽、生长季短，也就是9月30日以前有霜冻的地方。适应性极广，直立向上（通常不需要很多支架），易于采收，适宜运输，对疫霉病、根腐病相对有抗性。根出条极多，可忍耐较黏重土壤，但在排水不良地区易遭受根腐病，是商业化栽培的优良品种。

10. 克拉尼

克拉尼来自加拿大马尼托巴省，由吉夫×夏印第安杂交选育而来。植株矮到中等高，具刺，根蘖苗多，对疫霉病和炭疽病敏感。果早熟，高产，平均单果重 2.9 克，色泽鲜艳，亮而诱人，中硬，果紧凑，鲜食味浓，冷冻亦佳，适宜自采和加工。但在温暖地区果可能变软。抗性强，极耐寒，是寒冷地区的优良品种。

（二）黑莓类群

1. 佳果

佳果为有刺直立型黑莓，原产自美国堪萨斯州。该品种植株生长直立，根出条较多，具有又粗又硬的刺，人工操作很不方便。其果实为亮黑色，长圆柱形，果个大，平均单果重 8 克，最大果重可达 18 克，果实外观诱人，但味酸，不宜鲜食，可做加工，提取色素。该品种为中晚熟品种，结果期达 7 周左右，产量高，是直立型耐寒黑莓品种之一，抗病能力极佳。

2. 阿甜

阿甜为无刺直立型黑莓，来自美国堪萨斯州。该品种茎直立无刺，中等强壮，高而蔓生，根出条较少。果中等大小，近圆形，平均单果重 5 克，色泽光亮诱人，含糖量 9.6%，味佳，是优良的鲜食品种。该品种为早熟品种，结果期可达 4 周左右，产量一般。抗病性较好，较耐抗黄锈病。

3. A4-17 黑莓类型

A4-17 黑莓类型为由沈阳农业大学在 1983 年从美国引进的黑莓品种 Comanche 的自然杂交种子实生繁殖后选育出的优系。基生枝生长强旺，较直立，为紫红色，有棱角，并有大型锐利紫色硬刺，易发二次枝，二次枝易成花结果。成熟浆果紫黑色，有光泽，圆柱形，平均单果重 6.38 克，最大 14.6 克，果肉紫红色，多汁，味酸甜适口，含糖 8.21%，含酸 2.04%，含维生素 C 0.27 毫克/克。在沈阳地区一般 7 月中下旬浆果开始成熟，8 月下旬为采收末期。该品种为有刺类型，极易发二次枝并能成花结果。是丰产晚熟品种，并具有喜光、耐旱、较抗寒的特点，适宜在我国北方较寒冷地区栽培。

第三节　树莓的繁殖及育苗技术

树莓的繁殖相对比较容易，植株的茎、芽、根等部位均可用于繁殖，不同品种适合的繁殖方式存在不同程度的差异，相同繁育方法下不同品种的成苗率也存在一定差异。常见繁殖方法如下。

一、有性繁殖

树莓种皮较坚硬且厚度大，自然状态下发芽困难，因此杂交工作的开展具有很大难度，需要提前对种子进行层积催芽等处理。目前不少学者在此方面开展了相关研究，常见的提高树莓种子萌芽率的方法有化学浸泡法、层积冷处理法等，不同的品种最适合的方法也存在一定差异。由于种子繁殖会不同程度造成子代种苗发生性状变异，故在树莓生产活动中应用很少，多用于新品种选育。

二、无性繁殖

树莓生产中苗木繁育多采用无性繁殖方法，分别是组织培养、根蘖繁殖、根条繁殖、扦插繁殖和压条繁殖。无性繁殖可保持亲代种苗的优良性状，而且繁殖速度快、效率高、成本低，达到优质高效的生产目的，不同繁殖方法繁育的苗木略有差异。

（一）组培繁殖

近些年，组织培养繁殖法作为一种安全、高效的植物繁殖新兴技术快速发展起来，目前已推广应用在很多经济作物的生产繁殖中，尤其是在种苗脱毒中应用的效果非常显著，确保了组培苗根系发达、成活率高。

1. 树莓组培培养基的配制

基本培养基为 MS，含 0.7%琼脂、3%蔗糖，pH 值 5.8。丛生芽诱导培养基 MS+6-BA 1.0 毫克/升；继代增殖培养基 MS+6-BA 0.5～1.0 毫克/升；生根培养基 1/2MS+NAA 0.2 毫克/升或 1/2MS+IBA 0.2 毫克/升，培养室温度为（23±2）摄氏度，光照时间 16 小时/天，光照强度 1600～2000 勒克斯。

2. 树莓无菌外植体的建立

选取无病虫害、健壮的 1 年生树莓幼嫩枝条，带 3～4 个侧芽为宜。去掉叶片，剪成 2.5 厘米左右的带芽的茎段，用自来水冲洗干净后，置于超净工作台上，用 0.1%升汞溶液消毒 6～8 分钟，再无菌水冲洗 4～5 次，备用。

3. 组培苗的扩繁与移栽

在消毒后的茎段上剥取茎尖，长度为 0.5～1 厘米，接种到丛生芽诱导培养基上，3～5 天，顶芽开始分化，5～8 天，侧芽开始分化，培养 6～7 周，顶芽和侧芽均可诱导成 2.5 厘米左右的丛生芽。丛芽继代增殖培养从诱导出的丛生芽上切取带 5 个左右节间的芽苗。

切取带有 5～6 片叶的健壮芽苗，接种到生根培养基中，大约 3 周以后，芽体的基部平均可长出 5 条左右不定根，平均生根率超过 80%。瓶苗也在生根的同时不断生长。生根苗的移栽需要根须长至 2 厘米左右，将组培苗瓶在温室中炼苗 3～5 天。炼苗期间光照强度需要强于培养期间，一般控制在 8000～10000 勒克斯。当瓶苗颜色转深时即可将生根苗取出，小心洗净擦干根部残余培养基，定植于经过 500 倍多菌灵溶液喷施的混合基质中。混合基质为草炭土和园土同比例混合而成，若园土中含有较高的有机质，如东北黑土，则需适当增加园土的比例。前期加遮阴网养护，成活率可达 90%，以后进行常规管理。当待移栽苗高度超过 20 厘米，即可在建园中应用。

（二）根蘖繁殖

根蘖繁殖是无性繁殖中最简便的繁殖方法。以红树莓为例，成熟植株每年 5 月中下旬都会在根区发生大量的根蘖苗，4～5 龄的株丛所发生的根苗最多，质量也最上乘。为了得到高质量的根蘖，需要对母株加强管理，保持土壤湿润、疏松和营养充足，疏去过密的而选留发育良好的根苗，使它们之间的距离在 10～15 厘米。最好选择阴雨天气，土壤湿润，带根深挖，直接移栽，成活率可超过 90%。若苗高超过 35 厘米则移栽成活率下降，不适宜移栽。需要远途运输的苗木也可以秋季栽植，或秋季取苗，假植在不易积水且有防风设施的地块，待次年春季定植。

（三）根条繁殖

根条繁殖法简便易行，相比根蘖繁殖获得苗木的数量更大。挖取根条可以与采根蘖苗同时进行，即在挖根蘖苗的同时将水平发生的侧根一并挖出，或单独在以母株为圆心，半径 60 厘米范围以内挖取水平侧根。选带有芽的根，剪成 15～20 厘米长的根条，根条直径应在 0.5～1 厘米。将每 50 支根条打成一捆，埋在地窖内并覆盖湿沙土。次年春季，在准备好繁殖的地上挖深 10 厘米左右的沟，将根条相接平放在沟底，连成一线。用松软的腐殖土填平沟壑，充分浇水，再盖上一层 6～8 厘米厚的有机肥。秋天便可以得到具有良好根系的新生种苗。

（四）扦插繁殖

扦插繁殖主要用于根系发生较少及不易发生根蘖苗的品种。插条主要选取嫩枝，在夏季新梢半木质化时进行，扦插前先将枝条剪成 40 厘米左右的插条，用 100 毫克/升的 ABT 浸渍插条 12 小时。在畦池中进行扦插，畦池营养土配比为园土：沙土：腐殖土＝1：2：1 较好，插床温度以 18～23 摄氏度为宜。扦插时可先将插条的一端插入土中 10 厘米，然后将另一端对称插入土中 10 厘米，使插条在地面呈拱形。1 米宽的畦面可以扦插两行，株距 20 厘米。插条发根后即可以从中间剪断，变成 2 株小苗，这样原来的行数就发生了翻倍。在加强管理的条件下，当年秋季就可以成苗出圃。

（五）压条繁殖

有些品种如黑树莓的枝条细，易下垂，可以采用垂直压条法繁殖，即在 8 月中、下旬将枝条的尖端埋入土中固定好，当年便可在叶腋处发出新梢和不定根，成为新苗。也可以采用水平压条法，即在母株附近挖 5～6 厘米的小沟，在春季将整个枝条都压在沟内，使之从各个节位生根并发出新梢，第二年春季将母株与新苗分离挖出后即可定植。

第四节　树莓的建园

一、园址选择

树莓根系分布较浅，对旱涝抗性均较差，应该选择略有坡度的沙质壤土和透水较好的黏质土壤园区。树莓是喜光植物，为更高效利用阳光，坡向朝南为宜。因此，栽培树莓要选择有保护而又没有高大树木或建筑遮蔽阳光的地方。树莓也不能耐受高温，它们在温度过高的地区生长不良，结实率低，产量低。树莓是两性花植物，可单品种建园，但多品种套种异花授粉条件下，果实更饱满，产量更高。树莓栽培要求土质疏松肥沃，有机质含量高，土壤湿润而又不易积水。建园前一年需深耕施肥，园区周围营造防风林。一般城市郊区、平原土层深厚，有机质含量较高，地势平整，水利设施配套，土壤水分条件好，是最良好的树莓园地。由于土地平整连片，有利于树莓园的各项管理，因此生产成本较低。

大规模发展树莓产业，还必须要考虑选择有加工设备、交通方便、距离销售市场较近的地方。最好在城市郊区，就近加工。在农村选择园地，也要选择交通方便并有冷冻条件的地方建园。

二、整地定植

（一）树莓的整地

整地是树莓种植中一项重要而繁重的工作。整地可以改善土壤的结构，改变土壤的湿度和通气条件，有利于根系的发育，同时提高土壤的透水和保水能力。整地方法是将要种植树莓的土地用机械全面翻耕一遍，深度25～30厘米，同时平整土地。整地最好在种植前1年或6个月进行。

要使树莓园稳产、高产，在种植前要施好底肥，改善土壤条件，有利于根系生产。施肥必须根据种植地的土壤条件而定。为了使幼树生长健壮，抵抗力强，一般施有机肥，如厩肥、堆肥、豆饼等固体肥料，不易流失，通常每公顷施肥40～60立方米。同时要施用氮磷钾复合肥料。

树莓需要松软肥沃、透气性好的耕地，常年深耕施肥，如果是撂荒地，其他条件适合，也要经过1～2年土壤改良，彻底清除杂草和土壤病虫害，培肥土壤后再作苗圃。选择的树莓园地及附近地区如有野生树莓种类，应将种植区以内及距园地200米以内所有野生树莓全部清理，防止外来花粉干扰，以便保持栽培种类的纯度。

（二）树莓的定植

1. 树莓的选苗

适地适树适品种，不同品种有不同的生长习性，对气候、地形、土壤等自然环境各有不同的要求。任何品种都有一个最佳种植区。要因地制宜选择品种，首先确定目标，是以鲜食水果为主，还是以树莓产品加工为主，或是鲜食、加工、销售及出口系列化产业化为主。

使用壮苗是树莓种植的物质基础。优良品种的标准通常根据苗木根系发育状况来判断，对根系要求除长度外，还应考虑根及须根的发育状况、数量、根幅及根芽等，以及有无病虫害和起苗损伤等。因此，要选用根系发达、杆茎粗壮、无损伤和病虫害的壮苗。

2. 树莓的栽种

（1）定植时间

树莓主要栽种时期为春季和秋季。春栽应尽量提前，土壤解冻后就可以栽植，黑龙江地区一般在 4 月中下旬。秋栽则要在落叶前进行，要使苗木在冬季到来之前能长出新根，并且需要埋土防寒，必要时可在根区加盖草甸，地上苗木套袋以保证安全越冬。黑龙江地区秋季一般在 9 月中下旬栽植。树莓也可以采用夏季栽植，多在 5 月中旬进行，随挖苗，随栽植，但应该注意保证水分供应，在伏天炎热的天气下必须搭建遮阴棚。

定植坑的深度和直径均为 40 厘米左右为宜。春栽或秋栽的种苗，需要在栽植前剪枝，留下 20 厘米左右的短桩，以降低蒸腾速率，并刺激下部发出健壮的新梢。每坑内栽苗两三株即可，以较早形成株丛。定植深度与未脱离母株之前或育苗时的深度相同，栽苗时要注意保护基生芽完整。

（2）定植方式

树莓的定植一般采用带状法或单株法。栽植的行向以南北向为好。为保证树莓枝条挺立，在二年枝发生以后需要引缚扶正枝条。这样既利于透光通风，又便于管理。

① 带状法。适用于发生根蘖苗较多的品种，如各种红树莓常采用这种栽植方式。行距 2.5 米左右、株距 0.75～1 米，每公顷可以栽 5000～8000 个株丛。经过 2～3 年后，随时清理行间发生的根蘖苗，密集的枝条即可成带状。带宽 60 厘米以下称为窄带，窄带的枝条量较少，行距较宽，采收和管理都很方便，通风透光良好，果质好，冬季防寒取土容易，但是产量稍低；带宽 60～90 厘米的条带称为宽带，宽带的枝条量多，光照通风条件较差，田间管理和鲜果采收都不方便，但是产量比窄带的高。

② 单株法。根蘖苗发生少的品种或黑树莓多采用此种栽植方式。株距 0.8～0.1 米，行距 1.5～2 米。每株丛保留 15 根左右的枝条，即当年新梢和二年生枝各 7～8 条。

第五节　树莓的综合管理

一、水肥管理

（一）水分管理

水是生产优质树莓的关键因素。种植树莓前需要了解种植地区的年降水量及在季节内的分布模式和频率。水分过多的土地条件，树莓都不能忍耐，特别是红树莓相当敏感。积水或土壤通气不良会使植株衰弱，引起病害，还能产生有毒物质破坏根细胞。水分过量应及时采取人工排水措施。

1. 适时灌溉

在炎热、干旱气候条件下，灌溉可使树莓产量更高、果实更大，市场销售价格更好。树莓园土壤是否需要灌溉取决于以下几个因素。

① 栽培品种的抗旱性能。

② 树莓生长阶段的干旱期频率和持续时间。

③ 可提供水源的供水能力。

④ 园地土壤的水分涵养能力。

树莓栽培后应及时灌水，特别是在东北地区的早春干旱少雨时节。此时由于土壤含水量很低，幼树的根系无法吸收土壤中的水分和养分。因此，栽植后必须灌水，这是提高成活率的主要措施之一。栽植后的灌水称为定根水，通过灌水使幼树的根系与土壤紧密结合，根系的萌动生长使幼树得以固定。树莓生长期对表层土壤水分的变化非常敏感，当土壤表层出现干燥时，苗木根系已经缺水受到伤害，因此经常保持土壤表层湿润是十分必要的。当树莓萌发并开始放叶时，应根据土壤水分状况合理确定灌水时期和灌水量，此时的灌水称为生长水。

到树莓开花结果时，耗水量就更大，要及时灌水，保持土壤含水量达到田间持水量的 $60\% \sim 80\%$。也可凭经验用手测法判断土壤水分含量，作为是否需要灌水的参考指标。如壤土和沙壤土，用手紧握形成土团，再挤压时土团不易破裂，这表明土壤湿度在田间持水量的 50% 以上。如果手指松开后不能成团，则表明土壤湿度太低，需要灌水。如果树莓园地为黏壤土，手握土时能结合，但轻轻挤压容易发生裂缝，这表明土壤湿度较低，说明需要灌水。灌水时，应在一次灌水中使水分到达主要根系分布层。尤其是在春季温度低而土壤又干旱时，更应注意一次灌透，以免因多次灌水引起土壤板结和降低土温。

根据树莓需水量的特点确定灌水时期，一般一年需灌 4 次水。灌水时期主要为：

① 返青水。在春季土壤解冻后树体开始萌动，此时灌水尤为重要。

② 开花水。可促进树莓开花和增加花量，为开花坐果创造良好的条件，为第二年有足够的枝芽量打下良好的基础。

③ 丰收水。当 6 月份果实迅速膨大时灌溉。在以后的雨季，降水基本能满足树体对水分的需求。

④ 封冻水。入冬落叶之后，在越冬埋土防寒之前灌封冻水可提高树体越

冬能力。

2. 灌溉水的水质

灌溉水的物理成分、化学成分和生物成分决定着灌溉水的水质。水质污染会抑制树莓的生长或影响果品质量，甚至死苗。

① 物理成分。指沙质、淤泥、水中悬浮物，这些物质可引起灌溉系统磨损。

② 化学成分。指可溶物含量、pH值、有机化合物以及可溶性离子，此类物质可影响树体生长发育进而影响果实品质，也可造成叶烧并抑制其生长。很多树莓品种对氯化物、钠和硼等化学成分很敏感。有机溶剂或滑润剂也能危害树莓生长发育。

③ 生物成分。细菌、真菌和藻类大多在地表水中生存，这些成分对果树本身不造成危害，但可能影响灌溉操作。

3. 灌溉系统的选择

喷灌、滴灌、地表灌溉和地下灌溉是4种基本灌水方法。根据土地坡度、土壤水分吸入率和持水能力、植物的耐水性及风的影响，选择适合的灌溉方法。树莓是一种对积水敏感的果树，采用地表灌溉时要严格控制灌水量。此外，树莓对真菌病害敏感，喷灌能使叶面湿透，可促使真菌滋生。地形和土壤的物理特性在选择灌溉方式上也起着重要作用。如坡度＞10°，可妨碍一些喷灌的使用。吸收水分慢的土壤，可形成地表板结不透气或呈侵蚀状。

（二）施肥管理

肥力不足将影响树莓的产量、果实品质、果实成熟期和初生茎的生长发育。施肥的目的是供应作物充足的营养，消除养分不足对产量和品质的影响。因此，施肥是树莓的重要栽培措施之一。

1. 氮肥

树莓对氮肥的需求量因栽培品种、初生茎生长势、植株年龄、栽培密度、土壤类型、灌溉方式不同而不同，当年栽植的幼树需肥量较少，过量施肥对植株生长和产量会造成影响。根据营养诊断指标、初生茎的长势、灌溉和产量等，确定氮肥的施用量。7月下旬至8月上旬，花茎结果型红莓进入花芽分化期，叶片中氮的营养量在2.3%～3.0%为正常值。如果叶片中氮的含量高于正常值，并且生长势很旺，则表明氮肥施用过量；氮含量低于正常值并长势不佳，则表示需要施入氮肥。氮含量高于正常值且长势不佳，表明存在其他生长限制因子。含氮量低于正常值而生长势很旺的现象则很少出现。另外，树相诊断可更为直观地判断植物的营养状况，但只有具有丰富栽培经验的种植者才能正确地运用它。初生茎的长势和叶片数（或节数）、叶片颜色和大小，也是判断氮素营养丰缺的指标之一。

夏果型品种理想的初生茎高和径粗分别是 200～220 厘米和 1.2～1.4 厘米。秋果型品种的初生茎生长到 38～45 片叶（或节数），即形成花芽开花结果，属正常范围。

（1）夏果型品种的施肥量和施肥时期

在春季每亩施肥量 13～15 千克尿素（含氮 46％），分 2 次施入。其中 2/3 在花茎萌芽期施入，其余 1/3 在结果枝生长和花序出现期施入。沿根际区开施肥沟，深 6～10 厘米，宽 15～20 厘米，施后覆土、灌水。

（2）秋果型品种的施肥量和施肥时期

每亩施肥量 12～15 千克。其中 2/3 在春季当初生茎生长 10 厘米左右时施入，其余 1/3 在开花前 1 周施入。撒施后立即灌水。

（3）树莓幼树生长期施肥

从栽植当年到进入盛果期前阶段，需要 1～3 年，为生长期。在栽植当年树莓缓苗成活后，平均每株施 20 克尿素（含氮 46％），施肥沟距树干 10～15 厘米。开沟施肥时应避免伤害刚产生新根的树苗。第二年，在春季生长开始时施肥，每株 25～35 克尿素，施在根系生长范围内，同样要避免损伤根系。第三年，树莓进入结果期，可根据土壤肥力、生长和结果情况按照上述成年果树施肥标准确定施肥量。应当注意的是，树莓对氮肥种类的利用是有区别的。与铵态氮相比，树莓更容易吸收硝态氮。硝态氮易溶于水，在土壤和植物体内移动迅速。但它也容易在土壤中被淋失，价格又比其他氮肥高。试验表明，在 pH 值 6.0 的土壤中，尿素和硝酸铵的硝化作用基本相似，只有在 pH 值为 5.5 的土壤中有差异。但所有的氮肥在 pH 值 6.0 时的硝化作用强于 pH 值 5.5 时的硝化作用。所以，在 pH 值 6.0 或略大于 6.0 的土壤中使用尿素对树莓是有利的。

2. 磷肥

磷素在土壤中不易移动，施肥方法不当达不到施肥效果。在根系集中分布区开施肥沟，深 18～20 厘米，宽 15～20 厘米，施肥沟距树莓两侧 15～20 厘米。使肥料均匀地分布在土层内，若能够做到一半肥料施在施肥沟底层，另一半施放在中层，使根系与肥料的接触面更大，其效果则更佳。施肥时期在 9 月下旬至 10 月上旬，或者在第二年春季撤除防寒土后进行。不同土壤树莓对磷肥的施用量如表 3-1 所示。

表 3-1　树莓磷肥施用量（五氧化二磷）

土壤类型	土壤有效磷/（毫克/千克）	叶片含磷量/%	每亩施用五氧化二磷/千克
沙质土	0~20	<0.16	4.5~6.0
黏质土	20~40	0.16~0.18	0~4.5
壤土	>40	>0.19	0

3. 钾肥

钾是树莓生长的必需元素，小浆果的坚实度得益于组织中有足够的钾元素，树莓是钾含量很高的水果。尽管如此，树莓的钾肥用量还没有理论性的依据。通过土壤测试，可以帮助确定栽植前钾肥的用量。栽植后进行植物分析，是确定施用钾肥数量的最好指标。不同土壤树莓对钾肥的施用量如表 3-2 所示。

表 3-2　树莓的钾肥施用量（氧化钾）

土壤类型	土壤含钾/（毫克/千克）	叶片含钾量/%	每亩施用氧化钾/千克
沙质土	<150	<1.0	4.5
黏质土	250~350	1.0~1.25	3.0~4.5
壤土	>350	>2	0

磷和钾肥的施肥时期是秋季 9 月下旬至 10 月上旬，或者在第二年春季撤除防寒土时立即施肥。

4. 有机肥

树莓种植园最好以施有机肥为主，补充使用化肥。有机肥料是一种优质肥源，也是土壤物理性状改良剂。有机肥对土壤肥力的综合作用和长期效益均优于化学肥料，不仅使树莓得到良好的生长发育条件，也能提高产量和果实的品质。种植者必须了解有机肥料的性质和特点，才能充分发挥其肥效。与化学肥料相比，有机肥的养分含量变化大且不稳定，增加了施肥难度。有机肥的养分释放特性也要求树莓种植者具有丰富的经验和高超的用肥技巧。常用的几种有机肥料养分和水分平均含量见表 3-3。

表 3-3　不同种类有机肥的养分

有机肥种类	水/%	氮/%	五氧化二磷/%	氧化钾/%
牛粪	80	0.63	0.45	0.52
禽粪	74	1.31	1.03	0.50
猪粪	82	0.46	0.25	0.40
羊粪	72	1.00	0.35	1.00
马粪	62	0.70	0.27	0.60

由表 3-3 可知，使用有机肥时的施肥量大。如用尿素（46%氮）每亩施入 5 千克氮素，施入同样氮量的羊粪，就需要大约 500 千克（约 0.8 立方米）。况且有机肥所有的氮不能在第一年全部释放进入土壤。因此，每亩还要另外增施约一个立方的有机肥，才能满足营养需要。有机肥的另一个特点是无效氮向有效形态氮的转化是在植物生长季节中进行的，这时树莓对养分的需求超过养分的转化速度，会出现营养缺乏。相反，到生长季节末期常常出现高的有效养分释放量，使末期生长过量而出现越冬抽条现象。所以，掌握好有机肥的养分转化过程是有效使用有机肥的关键技巧。为防止氨气中毒，需用完全腐熟的优质肥，在植物休眠期结束前均匀地深施于土壤中，是提高有机肥效果的有效措施。

（三）土壤管理

树莓根系需氧量高，最忌土壤板结不透气，树莓生长期人工操作管理较多，活动频繁，土壤肥力消耗多，容易造成土壤板结，肥力不足。如果忽视果园土壤管理和改良，树莓则不能正常生长。因此，采用行间播种绿肥或永久性地种草覆盖、行内松土、除草、保墒等措施，对增加土壤有机质、改善土壤结构和提高肥力十分有效。

二、植株管理

1. 支架的功能

支架的功能与整形修剪方法相关，作用也相似。适宜的支架可以减少初生茎与结果茎相互干扰，改善光照，增加产量。某些栽培品种只要做到修剪适宜也可以不设支架，如茎干较强的直立型品种，但是，必须在休眠期对花茎进行适度剪短，以增强花茎（结果母枝）的支持力，防止结果后头顶沉重弯曲着地或折断。短截的程度要根据芽的质量而定，因为花茎上芽的质量上下有差异，发育充实的饱满芽多在花茎的上半部，若短截过重则会降低产量。一般规律是短截的量不多于花茎长的 25%～30%。适于花茎结果最好的支架是 V 形架。无论采用哪种整形修剪方法，这种支架均可将初生茎（当年生新梢）与花茎分开，避免彼此之间的干扰，而且能使阳光照射到植株下部，减轻病害发生，提高冠内果实的产量和质量。使用这种支架可将花茎捆扎在 V 形架两侧壁上，或者捆扎在一侧壁面上，而将初生茎置于另一侧，使生长和结果互不干扰，并使栽培管理如喷洒、施肥和采收等操作更为方便。树莓的修剪和支架十分重要。但是，这些措施通常成本高且耗费时间多，当选择修剪和支架方式方法时，一定要多方面综合考虑。支架支柱可就地取材，其寿命应与树莓的寿命一致，一般应达 15 年以上。

2. 棚架搭建

棚架的形式多种多样，有 T 形、V 形、圆柱形和篱壁形等。T 形、V 形棚架常用于商业化树莓生产园。而圆柱形和篱壁形用于家庭式园艺性栽培，具有果用和观赏的双重作用。以下主要介绍常用的 T 形和 V 形支架。

（1）T 形支架

用木柱或水泥钢筋柱架设。木柱径长 2～3 米、粗 9～11 厘米，选用坚硬耐腐的树木作支柱，置于土中一端的约 0.5 米刷防腐漆。也可用自制水泥柱、长筒木柱，厚 9.5 厘米，宽 11 厘米，由水泥、石砾、粗砂和钢筋灌注而成。支柱的上端用宽 5 厘米、厚 3～3.5 厘米、长 90 厘米方木条作横杆。横杆在支柱上端用 U 形钉或铁线固定，使横杆与支柱构成"T"字形。横杆离地面高度根据不同品种的茎长度和修剪留枝长度而定。一般每年需调整高度一次，使之与整形修剪高度一致。在横杆两端用 14 号铁线作架线，也可选用经济耐用的麻绳或选用强度如铁丝一样的单根塑料线作支架线（见图 3-7）。

（2）V 形支架

用水泥柱、木柱或角钢架设。一列 2 根支柱，下端埋入地下 45～50 厘米，两柱间距离下端 45 厘米、上端 110 厘米，两柱并立向外侧倾斜形成 V 形结构。两柱的外侧以等距离安装带环的螺钉，使架线穿过螺钉的环中予以固定。根据品种生长强弱和整形要求，可以在 V 形垂直斜面上布设多条架线，以便能最大限度地满足各品种类型和整形修剪方法的需要（图 3-8）。

（3）不同类型树莓的修剪和支架

① 夏果型红莓的修剪和支架。夏果型红莓的初生茎在当年只能营养生长

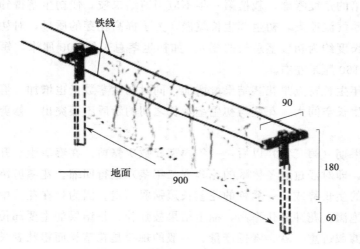

图 3-7 "T"字形树莓棚架（单位：厘米）

发育，但不能结果，完整地保留茎枝越冬，完成花芽分化形成花茎（其他果树称结果母枝）。第二年抽生花茎，结果枝开花结果。但是，在初生茎的旺盛生长期又与同根生的花茎开花结果同季，争夺养分和水分，影响结果枝开花结果。修剪的目的是将这种相互干扰减少到最低限度，保持每年高产稳产。

栽植当年，二年生茎下部通常可以抽生1～2个结果枝，但花序少，坐果率低，结果少。此时，沿结果枝旁立一根竹竿把结果枝绑缚扶直即可。另外，在根茎上的主芽（侧芽）还可萌发形

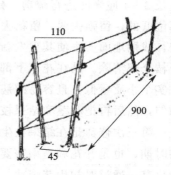

图 3-8 "V"字形树莓棚架（单位：厘米）

成1～2株初生茎，让初生茎自然生长不加干预。品种不同，初生茎长势强弱有差异，例如：托拉蜜品种的初生茎较强壮，直立，分枝少；米克品种的初生茎较软，有分枝，易弯曲。不管是直立性强还是弱的品种，都不要在生长期短截（或摘心）初生茎。虽然短截初生茎可控制高生长和增加分枝量，但是夏果型红莓的花芽主要形成于初生茎上，而不是在分枝上，分枝越多，花芽就越少。另外，夏季湿度大、气温高，病菌易从伤口侵入，特别是茎腐病感染率很高，因此，摘心会带来一定程度的病害发生。果实采收后，立即将结果后的衰老枝连同老花茎紧贴地面剪除，促进初生茎生长。

从栽培的角度考虑，栽植第一年不应当留结果枝，使初生茎得到充分的生长。到秋季气温凉爽，初生茎生长缓慢，为了提高花芽的质量，对初生茎轻短截，剪留长度约为初生茎总长的 5/6。如初生茎总长约 200 厘米，短截后保留的长度为 160 厘米左右。

第二年生长特点是花茎结果量增加，同时初生茎数量也增加。但到盛果期前植株的生长空间大，花茎与初生茎生长之间的矛盾不很突出。修剪方法与第一年相同。

在盛果期（第三年）以后，一年内需要数次修剪。在春季生长开始后进行首次修剪，即对经过越冬休眠的花茎（二年茎）进行回缩。花茎剪留长度根据不同品种的生长势或同一品种的花茎长短强弱而定。因为处在花茎中上部的芽一般比较饱满，花芽分化率高，抽生结果枝强壮，是结果的主要部位，如果识别有误而剪截过重，就会降低产量。一般的规律是花茎长而粗壮者长留，弱者短留，剪截的量为花茎长的 25%～30%。

第二次修剪是在萌芽后，结果枝和花序生长发育期。当幼嫩的结果枝新梢生长 3～4 厘米时进行疏剪，定留结果枝。原则上是留结果枝部位高的，剪去部位低的，留强去弱，留稀去密。另外，花茎粗壮的多留结果枝，细而弱的少留，或贴地面剪去使其重发新枝。将花茎下部离地面 50～60 厘米高的萌芽或分枝全部清除。处在花茎下部的萌生枝，因为光照和通风不良，营养消耗大，果实个小质量低，且容易感病霉烂。修剪后使花茎上的结果枝数量适当、分布均匀，然后再把花茎和结果枝均匀地绑缚在支架线上。

第三次修剪是在结果枝生长期。此时期是初生茎和结果枝萌发和生长最快的时期，也是开花和坐果需要养分、水分供给充足的时期。修剪的重点是选定初生茎，通过对初生茎疏剪，减少初生茎对花茎结果枝的干扰，改善栽植行内通风透光条件，减少病害感染，对提高果实的产量和质量有益（图 3-9）。

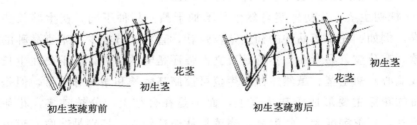

初生茎疏剪前　　　　　　　　　初生茎疏剪后

图 3-9　夏果型红树莓第 3 次修剪

第四次修剪，是清除结果后的花茎，培育初生茎生长。花茎结果后自然衰老枯萎，留在园里会影响初生茎生长，而初生茎将发育成下一年的花茎（果茎），其生长强弱将直接影响下一年的产量和果实质量。因此，果实采收后应立即将结果后的花茎紧贴地面剪去，增加初生茎的生长空间，充分利用夏末和秋季有利的自然条件促进初生茎生长发育。同时，也要适当地疏剪去一部分初生茎，留强去弱，一般应在每1平方米的栽植行选留初生茎9～12株（图3-10）。

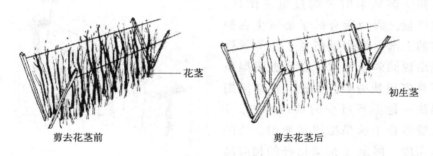

剪去花茎前   花茎   剪去花茎后   初生茎

图 3-10　夏果型红树莓第 4 次修剪

② 秋果型红莓的修剪和支架。秋果型红莓的修剪是依据其结果习性和产量而定。秋果型红莓每年春季生长开始时，由地下主芽和根芽萌发生长发育成初生茎。初生茎生长到夏末期间，单株具有 35 片叶（或茎节）以上，从茎的中上部到顶端形成花芽，当年秋季结果，因此又称初生茎结果型树莓。如果这种已结过果的茎保留下来越冬，到第二年夏初，在二年生茎的中下部的芽将抽生结果枝结果。故将秋果型红莓又称为"连续结果型树莓"，国内报道的"双季莓"即此种类型。但是，这种"二次果"的质量和产量不如头年秋果好，这是因为受当年初生茎生长的干扰，果实发育时养分不足。另外，采收二次果也极为困难。同样，当二年生茎的结果枝生长结果时也影响初生茎生长和结果。所以，在美国、加拿大多数树莓种植者都不要夏季果，只愿意单收一次秋果。而将这种具有连续结果习性的红莓改为每年只结一次果的措施，就是通过修剪来实现的。

秋果型树莓的修剪操作基本方法是每年在休眠期进行一次性的平茬。果实采收后，果茎并不很快衰老死亡，在 9～10 月份还有一段缓慢的生长恢复期，待休眠到来之前，植株的养分已由叶片和茎转移到基部根颈和根系中贮存。因此，修剪的适宜时期为养分全部回流之后的休眠期至第二年 2 月份开始生长前。剪刀紧贴地面不留残桩，全部剪除结果老茎，促使主芽和根系抽生强壮的初生茎，并在夏末结果。另外，影响初生茎生长和产量的主要因素是单位面积内初生茎株数和花序坐果数，而单位面积内株数和花序坐果数又与栽植行的宽度和密度有关。植株密度过大，栽植行过宽，则影响光照和通风，易遭病害侵染，并降低产量。在生长期通过疏剪维持合理的密度和宽度是保证丰产稳产的主要措施。通常栽植行宽和株数保持在 40～50 厘米和 20～25 株/平方米。田间试验表明，初生茎结果型红树莓栽植模式以窄行（35～40 厘米宽）、小行距（180～200 厘米）的产量最高。

初生茎结果时顶端过重易倒伏，影响产量。因为所有的果都着生在初生茎的上部，果实重超过了茎的承受力就出现倾斜或倒伏，在高温阴湿条件下果实很快霉烂。为此，在结果期搭架扶干是必不可少的栽培措施。T形架较适合于秋果型树莓使用。按照植株高度，固定 T 形架横杆的相应高度，横杆两端装上 14 号或 16 号铁丝，拉紧架线，将植株围在架线中，可有效地防止倒伏（图 3-11）。

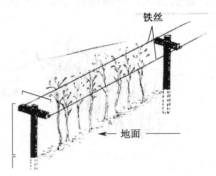

图 3-11　秋果型红树莓 T 形棚架

③ 黑树莓的修剪与棚架。黑树莓即为红树莓一类的杂交种，又称黑红莓。黑树莓的结果习性与红树莓不同，红树莓以花茎结果为主，分枝结实率低，而黑树莓则以花茎的分枝（侧枝）结果为主，花茎结实率低。根据这一特性，黑树莓的修剪显得比红树莓更为重要和复杂，需要在生长期和休眠期分别进行修剪。

在生长期，当黑树莓初生茎的高生长到 80 厘米时，短截 10 厘米，使初生茎留 70 厘米。剪口紧贴芽的上方，这样修剪的剪口愈合得快，不留残桩，避免病毒从伤口侵入。短截后的初生茎一般可分为 3～6 个或更多的分枝，分枝当年能生长到 100 厘米左右，少数可达 200 厘米以上。由于初生茎的萌发和生长速率不一样，不能都同时达到 80 厘米高度，所以需要多次进行修剪。黑树莓比红树莓的耐寒力差，所以剪留长度不能超过 70 厘米。剪口位置越高，分枝部位越高，枝条生长不充实，营养水平低，不仅越冬可能会产生冻害，果实小，而且产量也低。因此，剪留长度应根据栽培地区气候和生长特性而定。

9 月上中旬，生长缓慢期短截分枝，剪去分枝长的 25%～30%。此次轻剪有利于营养回流，促进芽的发育和成熟，也便于越冬防寒。第二年春季解除防寒后生长开始前，再对分枝进行疏剪和回缩。花茎上的分枝不宜过多，保留壮枝、无病虫枝，一般留 3～5 个分枝结果，其他多余的分枝从基部疏除。留下的分枝应适度回缩。分枝长度的选择根据枝条的长势而定，一般留长 15～25 厘米。分枝长超过 25 厘米，结果枝增加，果多，但是果小，果实质量也会降低。

黑树莓宜使用 V 形棚架，把修剪处理过的花茎和分枝绑缚在 V 形棚架的左右两侧架线上或在一个侧面的架线上，留 V 形架的中心空地或一侧空地供初生茎生长，既避免生长与结果的干扰，又会给生长季的修剪、管理和采收带来方便。果实采收后及时剪除结果茎，促进初生茎生长。由于黑树莓萌发初生茎少，在修剪时，尽量保留初生茎，每丛留 4～6 株，即可保证下年的产量。

④ 有刺型黑莓的修剪。有刺型黑莓的刺一般都很坚硬锋利，给栽培管理，特别是修剪、上架和采收带来极大的困难。但是，有刺型黑莓果实大、外观美，颇受消费者欢迎，所以始终保留对它的栽培。有刺型黑莓的结果习性与黑树莓相似，以分枝结实力最高，主茎结实力低。因此，有刺黑莓的修剪首先是定干修剪。

当初生茎高生长到 80 厘米时，短截 10 厘米，剪口留在芽的上方 1 厘米左右，目的是促进初生茎木质化，增加茎增粗生长，还可促进主茎产生分枝。单株分枝的数量不能过多，分枝多，虽然结果多，但果实变小，会降低果实的产量和品质。分枝密度过大，株内通风透光状况恶化，病菌感染，采果困难。一般每株 2～4 个分枝较好。分枝的芽不断萌发形成结果枝，在结果枝生长期花序再现前，通过抹芽或疏枝选留结果枝。每 1 个分枝上留 1～3 个结果枝为宜，在主茎上部靠近剪口的分枝生长势强，多留结果枝，向下分枝生长势减弱，少留结果枝。果实采收后沿地面剪除老的结果枝茎，促进初生茎生长。初生茎不宜过密，每 1 米长栽植 6～9 株初生茎即可保证产量。越冬防寒前短截分枝，同时把生长弱的初生茎、病枝、过密株清除，分枝剪去长度的 30％～40％，病株、过密株等从基部切除（见图 3-12）。春季解除防寒后，生长开始前回缩修剪分枝，留长 35～40 厘米。

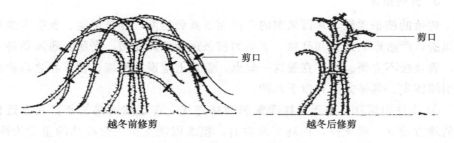

越冬前修剪　　　　　　　　　越冬后修剪

图 3-12　有刺型黑莓的定形修剪

有刺型黑莓的初生茎和花茎生长相互交织在一起,给修剪操作带来困难。为此,对其采用轮茬结果整形修剪方式较好,即采用 V 形架,把果茎绑缚在棚架一侧,初生茎生长在另一侧。

⑤ 无刺型黑莓的修剪。无刺黑莓栽植后,头 1~2 年初生茎像藤本植物一样匍匐生长,结果少。2 年以后,初生茎半直立或直立生长,分枝数量增加,分枝弯曲成拱形向下水平延长生长。无刺黑莓的初生茎及其分枝都能形成花茎,在第二年生长开始后抽生结果枝开花结果,一般是单株的分枝产量最高。因此,无刺黑莓的整形修剪仍然以培养粗壮的分枝为主,以提高果实的产量和质量。无刺黑莓修剪定干高度与有刺黑莓一样,当初生茎高达 90~120 厘米时,短截顶梢 10 厘米,剪口在茎节的中间,剪口斜切,以利伤口排水和愈合。修剪后可以促进剪口下的分枝生长,提高分枝的质量,为下一年结果打好基础。同时,对过密、生长弱和偏斜生长的初生茎从基部疏除。每一种植穴留初生茎 3~5 株,株与株之间都要有宽松的生长空间。春季生长开始前回缩分枝,分枝剪留长 45~60 厘米,同时将主茎上多余的分枝全部疏除,随即将保留的分枝绑缚于 V 形棚架上。见图 3-13。

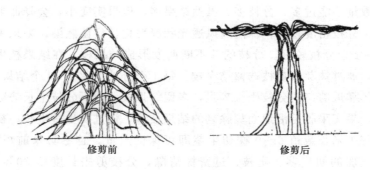

修剪前   修剪后

图 3-13　无刺型黑莓定形修剪

3. 引缚技术

树莓的枝条柔软,常因果实的牵拉而下垂到地面,弄脏果实、吸引害虫甚至风折,严重影响产量和品质。下垂的枝条还会彼此遮阴,光照及通风条件不良,管理极不方便。为了克服这一缺点,管理上应设立支架,在早春之后将枝条引缚固定。具体方法有以下几种。

① 支柱引缚法。用于单株配置的栽植方式。在定植的第二年,在靠近株丛的地方设立一根支柱,柱高 2 米左右,粗细以能支撑住全株丛的重量为准。将一个株丛的枝条逐枝直接引缚到立柱上。这种引缚方法简便省材,缺点是枝

条受光部分不均匀，影响开花坐果。改进方法是多设立支柱，将一年生枝和二年生枝分别引缚于不同支柱上，使之彼此不遮光，但费时费力，效率低下。

②篱架引缚法。适用于带状栽植的树莓园。在带内隔 5 米埋一根钢筋混凝土立桩，在其上牵引两三道铁线，将枝条均匀地绑在铁线上。这种引缚方法枝条不遮光，通风良好，产量高。为了省材料，也可以牵一条 8 号铁线，高 1 米，枝条绑缚铁线上而不至于下垂（图 3-14）。

③扇形引缚法。即在株丛之间设立 2 根支柱，把邻近两株丛的各一半枝条交错引缚在两支柱上。这种方法节约材料，便于管理，但是透光性和通风性不及篱架引缚法（图 3-15）。

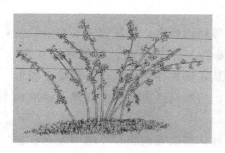

图 3-14 篱架引缚法

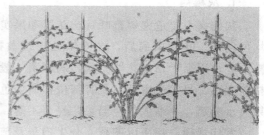

图 3-15 扇形引缚法

三、防寒管理

在东北各地的野生树莓是抗寒品系，而栽培品种多数原产于欧洲，是在气候温和的海洋性气候条件下育成的，因此在东北地区尤其是黑龙江地区栽培树莓需要加盖防寒土甚至干草越冬。酷寒年份或春季气温骤变，易引起树莓的幼嫩器官受冻。受冻的芽通常比正常休眠芽膨大且芽鳞分开，芽受冻后茎随即干枯。红树莓比其他种类抗寒，但其一年生枝的顶端在入冬前往往不成熟。树莓越冬期间茎的未成熟部分会完全枯死，当初冬凌晨地表出现冻层时，即应着手进行防寒。先清理株丛基部枕土而后将枝条温柔压倒，适当捆绑，紧贴地面由行间取土掩埋，只需覆薄土将枝蔓盖住不外露即可，同时结合施用基肥进行防寒越冬。黑龙江地区在 10 月下旬和 11 月上旬，对夏果型红树莓和黑莓的当年生茎埋土防寒。埋土前灌一次透水。要把整个植株向地面平放到浅沟内，弯倒植株时小心不要折断或劈裂，堆土埋严，避免透风。第二年春天撤土不宜太迟，晚霜结束后即可撤土上架。

四、病虫害防治

近年来，随着树莓种植规模的不断扩大，树莓病虫害危害也逐渐加重，为提高树莓产业的质量和产量，除抓好树莓园的水肥管理及栽培管理外，病虫害防治也是提高树莓种植效益的关键生产环节。大规模的病虫害往往会给农民造成巨大损失甚至绝收，因此，必须加强树莓病虫害防治管理，保障树莓高质高产。

（一）常见病害及防治方法

1. 灰霉病

灰霉病主要危害树莓叶片、花器和果实等幼嫩器官，从花期至果实采收前均可侵染。叶片染病后，在叶缘处出现黄褐色 V 形的病斑，随着病情发展，整个叶片逐渐干枯。花器染病，病原菌一般从花瓣或柱头处入侵，使整个花器枯萎变黑。果实受害后，受害部位初期变色，后期腐烂呈浆状。气候干燥时病果失水萎蔫，干缩成灰色僵果，经久不落。

发病规律：病菌以菌核、分生孢子及菌丝体随病残组织在土壤中越冬。菌核和分生孢子抗逆性很强，越冬以后，第二年春天条件适宜时菌核即可萌发产生新的分生孢子。新老分生孢子通过气流传播到花序上，在有外渗物作营养的条件下，分生孢子很易萌发，通过伤口、自然孔口及幼嫩组织侵入寄主，实现初次侵染。侵染发病后又能产生大量的分生孢子进行再次和多次侵染。

防治方法：

① 秋末落叶后彻底清除落叶、枯枝及病果等染病体，集中深埋或无害化处理。为净化空气、防治雾霾不建议焚烧。

② 加强苗木营养，增施磷钾肥，不偏施氮肥，增加土壤通气性，以提高自身抗病力。

③ 适当修剪，保持种园区内透光通风，降低湿度，可减少灰霉病等多种病害的发生。

④ 花期开始前超前喷施 50％腐霉利可湿性粉剂 1500 倍液，直至果期，可有效预防病害发生。

2. 茎腐病

茎腐病主要危害部位为树莓基生枝，首先感染嫩枝，初期在新梢向阳面低处出现暗灰色的病斑，长约 2 厘米，宽 0.8 厘米左右，褐色病斑向四周迅速扩展，同时表面呈现大小不等的黑色斑点，木质部变褐坏死。随着病部的扩展，引起叶片、叶柄变黄，枯萎，发病严重时可致整株枯死。

发病规律：在 6～8 月的多雨季节危害最重，部分地区病株率可达 80％～90％。感染从初生茎尚未愈合的剪口、茎之间的擦伤、茎的表皮受棚架铁丝磨伤和虫伤口等处发生。病原菌在被感染的枯死枝或者残桩、地面残落物上越冬，第二年雨季在高温高湿条件下病菌大量发生，随风、雨水传播到初生茎上。带伤口的初生茎在任何时期都能遭受茎腐病的侵染，被感染的病区和范围越扩越大，每年周而复始地循环感染。

防治方法：

① 秋季清园，剪下病枝集中无害化处理。越冬前喷石硫合剂 1～2 次。喷洒药剂时要注意全株包括根区地面喷洒，尤其是枝条基部。春季发芽前再喷 1 次石硫合剂。

② 发病初期喷施 70％甲基硫菌灵可湿性粉剂 500 倍液，或 40％乙磷铝可湿性粉剂 500 倍液，或 50％福美双可湿性粉剂 500 倍液，药效可持续到花前或初花期。

3. 炭疽病

炭疽病发病初期在叶片上形成白色略微突起的小圆斑，直径 0.3 毫米左右。后期病斑逐渐扩大，病斑位置叶片坏死，形成穿孔。发病后期病斑位置叶片形成小黑点，这是病原菌分生孢子盘。在枝干上可以形成略带紫色褶皱或者稍微隆起的小病斑，严重时可入侵周皮引起树皮开裂。该病引起树莓植株枝条变细，早期落叶，抗性降低，易风折。

发病规律：以菌丝和分生孢子盘在病残体上越冬。春季产生分生孢子，借风雨传播。在树莓上较其他叶斑类病害发生晚，黑龙江地区始发于 7 月下旬，8 月下旬至 9 月中旬为发病高峰。该病引起早期落叶，在 10 月中旬感病叶片脱落，成为第二年初侵染来源。一般密植园、低洼黏土地、排水不良、生长郁闭的树莓园发病较重。

防治方法：

① 适当修剪，保持园区内透光通风。建议夏果型树莓每亩留枝量控制在 2500 株左右，秋果型树莓每亩留枝量控制在 4000 株左右。

② 合理使用肥料，不偏施氮肥，防止植株徒长导致抗病性降低。

③ 果实采收后及时清除病残体，并清除田间杂草和枯枝。

④ 花前喷施 80％代森锰锌可湿性粉剂 800 倍液，或 75％百菌清可湿性粉剂 500 倍液，或等量式 200 倍波尔多液。

4. 灰斑病

灰斑病发病初期叶片产生淡褐色小斑点，直径为 2～3 毫米，之后逐渐扩大成不规则形病斑或圆形病斑，病斑中央呈浅褐色，边缘颜色较中心更深，最后病斑会变为白心带褐边的斑点，气候条件干燥时，病斑中央叶片组织干薄，易破碎形成穿孔。发病后期的叶片病斑较多，会出现 2 个或多个小病斑汇合成大型病斑的情况，严重影响植株光合作用效率。

发病规律：病菌以菌丝体和分生孢子在病残体上越冬，成为第二年的初侵染源。该病多在温暖湿润和雾日较多的地区发生。而连年大面积种植感病品种是该病大发生的重要条件之一。在黑龙江省，该病于 6 月下旬开始发病，8 月中下旬到 9 月中旬为发病高峰期。

防治方法：

① 彻底清除病残体，集中无害化处理，减少园内侵染来源。

② 加强园内管理，及时清除杂草，对枯株按时修剪，合理密植，排水防涝，减少细菌性病原菌侵染机会。

③ 花前喷施 50％腐霉利可湿性粉剂 1000 倍液，或 50％多菌灵可湿性粉剂 500～800 倍液，或 40％嘧霉胺悬浮剂 800 倍液。

④ 树莓采收修剪后，或次年撤除防寒土上架后、萌芽前，喷施石硫合剂，可有效降低菌源量。

5. 根癌病

根癌病主要危害部位为根颈部，有时也散生于侧根和支根上。根癌节瘤初生时为乳白色，光滑柔软，以后渐变为褐色到深褐色，质地变硬，表面粗糙，凹凹不平，小的仅皮层一点突起，大的单手难握，形状不规则。受害病株发育受阻，叶片变小变黄，植株矮小，果实变小，产量下降。发病轻的地块造成减产 10％左右，发病较重的地块减产 30％以上。

发病规律：5 月下旬发生较为严重，进入生长旺季之后随着植株的根系发育，根系抗性增加，根癌病发展减缓。但是该病病原在土壤中逐年累加，发生会呈逐年加重趋势。

防治方法：

① 择健壮苗木栽培，首选组培苗或根蘖苗，栽种时注意剔除病苗。

② 加强肥水管理。树莓为浅根系果树，根系多分布在 30 厘米左右的表土中，要做到旱浇涝排，特别要防止土壤积水。适当增施硫酸钾等酸性肥料，以造成不利于根癌病发生的生态环境。耕作和施肥时应及时防治地下害虫并注意

不要伤根。

③ 挖除病株。发病后要彻底挖除病株，并集中处理。挖除病株后的土壤用 10%～20% 农用链霉素、1% 波尔多液进行土壤消毒。

④ 药剂防治。用 0.2% 硫酸铜、0.2%～0.5% 农用链霉素等灌根，每 10～15 天 1 次，连续 2～3 次，或硝酸铵肥拌土改善土壤碱性环境，均具有一定的防治效果。

6. 斑枯病

斑枯病主要危害叶片，6 月下旬见叶部产生零星病斑，并逐渐扩大，病斑褐色，后期在病斑上可见小黑点，为该病原的分生孢子器，内有大量分生孢子随风雨传播，侵染其他叶片。发病严重时整个叶片上密布病斑，并且叶片褪绿、枯死。

发病规律：病菌以分生孢子器在病叶上越冬，成为来年发病的初侵染源。分生孢子借风雨传播。6 月中旬开始发病，6～8 月较重，一直延至 9～10 月。高温多湿有利于发病，发病轻重还与土质、施肥情况、管理条件等因素有关。管理及时、肥力足，植株生长健壮，发病轻，反之则重。

防治方法：

① 认真清园，在收获后及时清除病残体，减少越冬初侵菌源。

② 加强田间通风透湿，及时除草，降低冠层内湿度。合理施肥，避免植株徒长。

③ 萌芽前喷石硫合剂。从果实始熟期，每隔 10～15 天喷 1 次 80% 代森锰锌 800 倍液或等量 200 倍波尔多液，亦可施 75% 百菌清 500～800 倍液，连喷 2～3 次。

7. 树莓锈病

树莓锈病多在野生树莓上发现，目前已开始有栽培地区发现病害，由于其以空气为介质传播，蔓延快、不易控制，不可忽视。主要危害叶片，先产生褪绿斑，病斑背面产生橘黄色粉末，渐变棕黄色，早期脱落。夏孢子堆散生于叶片背部，近圆形，直径 0.12～0.22 毫米，橘黄色，粉末状，侧丝无色，棍棒状；冬孢子堆散生于树莓叶片背面，直径 0.5～1.1 毫米，黑色，近粉末状。严重时整张叶片布满锈褐色病斑。

发病规律：黑龙江地区 6 月下旬始见发病。7～8 月在叶背面产生橘黄色夏孢子堆及褐色冬孢子堆。入冬后以冬孢子在树莓叶片上越冬，成为第二年初侵染源。

防治方法：

① 清除菌源。秋末清理田园，彻底清除田间病残体，在田外集中处理，减少初侵染源。

② 选育、种植抗病品种，合理轮作与间作。

③ 土壤消毒与合理施肥：初春使用适量土壤消毒剂会大大减少田间初始菌源量，多雨季节定期喷施叶面肥或营养元素会增加植株的抗病性。

④ 药剂防治：选用三唑酮、阿米西达、世高、翠贝等杀菌剂进行叶面喷雾，尽量安排在雨季前用药，每 7～10 天用药 1 次，遇雨应及时补喷药剂。

8. 立枯病

立枯病不同的年份发生程度差异大，该病以土壤作为传播媒介，故做好土壤消毒是控制该病发生的最有效途径。主要危害幼苗茎基部或地下根部，初为椭圆形或不规则暗褐色病斑，病苗早期白天萎蔫，夜间恢复，病部逐渐凹陷、缢缩，有的渐变为黑褐色，当病斑扩大绕茎一周时，幼苗渐干枯死亡，但不倒伏。轻病株仅见褐色凹陷病斑而不枯死。苗床湿度大时，病部可见不甚明显的淡褐色蛛丝状霉。

发病规律：此病主要由土壤传染，冬季至春季育苗棚容易发生。发病适温 16～25 摄氏度，棚外天气阴雨、降雪等明显降温的气象条件下发生加重。黏性土壤和土壤排水不良的地块发病重。

防治方法：

① 土壤消毒：此病发生在苗期，苗床土壤菌量大小是此病是否发生和发生严重与否的关键。因此做好土壤消毒是防治该病的最重要措施。土壤消毒用 50％福美双可湿性粉剂 600 倍液，苗床土铺平后喷雾，土壤盖膜 2～3 天后可以移入小苗。低温时发生严重，注意育苗温室的保温，可以减轻此病的发生。

② 发病后用 96％恶霉灵粉剂 3000 倍液配合 655 叶面肥 600 倍液，有较好的治疗效果。

（二）常见虫害及防治方法

1. 柳蝙蝠蛾

柳蝙蝠蛾食性十分广泛，各种树木几乎都可以危害，也是树莓的主要害虫之一。成虫体长可达 35～45 毫米，迷彩状斑纹。老熟幼虫圆筒形，体长 44～55 毫米，深褐色，胸腹部白色，体具黄褐色瘤突。幼虫多从 7 月上旬在距地面 0.5 米左右处蛀入新梢，并向下钻蛀取食，尤其对幼树危害最烈，轻者阻滞水分、养分的运输，造成长势衰弱，严重影响树莓第二年产量；重则主枝风断、干枯死亡。咬碎的木屑与粪便用黏丝黏结在一起，环树缀连一圈，经久不落，较易于发现。

防治方法：

① 及时清除园内杂草，集中深埋或无害化处理。

② 成虫羽化前剪除被害枝集中烧毁。

③ 花前或采后，喷施 2.5％溴氰菊酯乳油 3000～4000 倍液，或 20％氰戊菊酯乳油 2000～3000 倍液，或 5％顺式氰戊菊酯乳油 2000～3000 倍液。

2. 金龟子

金龟子是鞘翅目金龟总科昆虫的通称，种类繁多，危害树莓的主要是中华弧丽金龟、白星花金龟等，幼虫和成虫均能为害，幼虫即蛴螬，咬食主茎基部芽和韧皮部，在地下啃食幼根，致整株死亡。成虫称金龟子，成虫常群集危害取食树莓的幼叶、芽、花和果实，受害严重的叶片只剩网状叶脉，花朵被尽数吃光。危害果实时，先咬破果皮，然后钻食果肉，易被新鲜果实吸引，遂逐个破坏，使大量果实失去商品价值。

防治方法：

① 用频振式杀虫灯诱杀金龟子成虫，每盏灯可覆盖 4 公顷果园。

② 金龟子成虫个大易寻，行动能力差且有假死性，可进行人工捕捉，虫体可入药，亦可用作家禽饲料。

③ 糖醋液诱杀成虫。主要是利用成虫的趋光性进行诱杀。一般酒、水、糖、醋的比例为 1：2：3：4，加入 90％敌百虫晶体 300～500 倍液，倒入广口瓶，挂在成虫出没园区。每天定时收集成虫。

④ 毒饵诱杀幼虫。每亩地用辛硫磷胶囊剂 150～200 克拌谷子等饵料 5 千克，或 50％辛硫磷乳油 50～100 克拌饵料 3～4 千克，翻入根区，亦可收到良好的防治效果。

⑤ 生物防治，对于有机农业生产区的树莓还可利用茶色食虫虻、金龟子黑土蜂、白僵菌、绿僵菌等生物方法防治金龟子幼虫。

3. 茶翅蝽

茶翅蝽又叫臭椿象。椭圆形，略扁平，茶褐、淡褐色。成虫和若虫均可为害，刺吸树莓的嫩叶和果实，使被害叶片皱缩卷曲，果面凹凸不平，并产生褐色小点，形成畸形果，严重时腐烂，失去商品价值。茶翅蝽在辽宁省各地都有分布，1 年发生 1 代。成虫可在树莓园附近杂草、落叶、石缝下等处越冬，第二年 5 月中旬出蛰，6 月上旬产卵，7 月中下旬当年成虫即可完成羽化。成虫和若虫刺吸树莓的嫩叶和果实，使叶皱缩卷曲，果面凹凸不平并产生褐色小点，形成畸形果，甚至腐烂，严重影响商品价值。

防治方法：

① 结合秋季清园，认真清除田间杂草，集中销毁。

② 每年冬春，仔细清理树莓园附近房间，防止越冬成虫继续为害。

③ 保护利用茶翅蝽沟卵蜂、小花蝽、角槽黑卵蜂等天敌。

4. 山楂叶螨

山楂叶螨吸食树莓幼嫩芽及叶片的汁液。叶面最初有失绿的小斑点，随后扩大成片，严重时全叶枯萎发红，同时容易传播各种病毒病害，受害严重的叶片会慢慢卷曲，枯萎凋落。

防治方法：

① 树木休眠期刮除老皮，重点是刮除主枝上部老皮，主干可不刮皮以保护主干上越冬的天敌。

② 山楂叶螨主要在树干基部土缝里越冬，可在树干基部培土拍实，树干基部干刷白灰，防止越冬螨出蛰上树。

③ 发芽前结合防治其他害虫可喷洒石硫合剂、含油量 3%～5% 的柴油乳剂，特别是刮皮后施药效果更好。

④ 生物防治。积极保护利用天敌，如用异色瓢虫、七星瓢虫防治山楂叶螨。具体方法为每年秋季大量异色瓢虫及七星瓢虫飞入房屋民宅寻找越冬地，可将其大量收集，每 50～60 头一组装入档案袋中，封口平放于阴凉的地窖中越冬，次年春季放入园区，可显著抑制山楂叶螨。同时创造有利于天敌生存的环境条件。

5. 果蝇

果蝇科果蝇属下昆虫的统称，总数超过 1000 种。最常见的为黑腹果蝇、拟暗果蝇等。主要危害采收后的库存期及货架期树莓鲜果。舐吸鲜果汁液并产卵于其中，生活史短，繁殖奇快，10～12 天即可繁殖一代。在仓库及货架常常呈现爆发式发生，严重影响鲜果品质。

防治方法：

① 及时清除果园内虫果。采收时，及时清除树下的落果，摘除树上的烂果、虫果，带出园外或就地挖坑深埋等无害化处理，可有效消灭虫果中的幼虫，对减少下一代虫量起到一定作用。

② 诱杀。挂黄色杀虫板诱杀，果蝇对柠黄色有一定趋性，成果初期在树

上挂上黄色诱杀板能诱杀到大部分成虫。同时，结合诱虫灯进行诱杀。配合悬挂引诱剂，在水果膨大期至采收期间，大面积悬挂果蝇引诱剂（甲基丁香酚）诱杀成虫，减少产卵量。将诱捕器悬挂于离地面 1.5 米左右的树冠上，每亩挂 4～5 瓶，采用梅花式排列悬挂。

③ 化学防治。盛花期 2/3 时进行化学防治，可喷 10％氯氰菊酯杀虫剂 20 克/亩，可有效防治越冬代成虫。在成虫盛发期，每月喷施 1～2 次 10％氯氰菊酯杀虫剂 20～30 克防治成虫。

④ 生物防治。针对果蝇幼虫和蛹期的防治方法主要是利用天敌昆虫和病原微生物等生物防治措施。充分保护和利用园内的自然天敌昆虫，在果实着色期防治，积极引入寄生性天敌昆虫毛角锤角细蜂，释放量为每亩 10 万头～15 万头；捕食性天敌昆虫东亚小花蝽，释放量为每亩 0.6 万头～1 万头。释放时间均为 5 月下旬至 6 月上旬，连续释放两次，间隔 10～12 天。

病原微生物对果蝇也非常有效。适量喷施白僵菌、绿僵菌和玫烟色拟青霉等昆虫病原真菌，均匀喷施果树并兼顾喷施果园地面。可喷施金龟子绿僵菌可湿性粉剂 4000 倍液，施用量为 10 克/亩；或喷施绿僵菌可湿性粉剂 2000 倍液，施用量为 20 克/亩。

6. 双斑长跗萤叶甲

双斑长跗萤叶甲属于鞘翅目叶甲科。成虫危害叶片、嫩茎，常集中于一株植株自上而下取食。中下部叶片被害后，残留网状叶脉或表皮，远看呈小面积不规则白斑。每年发生一代，以散产卵在表土下越冬，第二年 5 月上中旬孵化，幼虫一直生活在土中，经过 30～40 天在土中化蛹，蛹期 7～10 天。初羽化的成虫在地边杂草上活动，然后迁入果园。7 月上旬开始增多，7 月中下旬进入成虫盛发期，此后一直持续为害到 9 月份。

防治方法：做好田园管理，及时清除杂草、枯枝。在成虫盛发期，应及时用菊酯类农药对全园及周边的杂草进行喷洒。可用 50％辛硫磷乳油 1500 倍液或 20％速灭杀丁乳油 2000 倍液，或用 2.5％功夫 2000 倍液。隔 7 天再防 1 次，可有效控制该虫对树莓的为害。

7. 红棕灰夜蛾

红棕灰夜蛾属鳞翅目、夜蛾科。在黑龙江地区第二年发生二代。以蛹在土壤中越冬，4 月下旬至九月上旬是成虫发生期。1～2 龄幼虫群聚在叶背食害叶肉，有的钻入花蕾中取食，3 龄后开始分散，4 龄时出现假死性，白天多栖息在叶背或心叶上，5～6 龄进入暴食期，24 小时即可吃光 1～2 片叶子，末龄幼虫食毁树莓的嫩头、蕾花、幼果等，影响树莓第二年产量。5 月中、下旬至 6 月下旬及九月中旬为幼虫为害盛期，6 月下旬至 7 月中旬及 10 月上旬为化蛹期。成虫有趋光性。幼虫白天隐居叶背，主要在夜间取食，受惊扰有蜷缩落地习性。于植物叶片上产卵，每块卵有 150 粒左右。

防治技术：在成虫产卵盛期人工田间查卵，摘除虫卵，集中消灭。利用成虫的趋光性和趋化性，采用黑光灯或糖醋液诱杀成虫，但主要在成虫大量发生期使用，以减少虫口基数。在幼虫孵化盛期要及时用药，且宜在 3 龄前消灭。幼虫具昼伏夜出的特点，在防治上实行傍晚喷药，是提高防治效果的关键技术措施，一般在傍晚 18:00 以后施药。常用的药剂有 2.5％功夫乳油 1500 倍液、2.5％天王星或 20％灭扫利乳油 1500～2000 倍液，交替使用。

8. 美国白蛾

美国白蛾属鳞翅目灯蛾科。为害特点一是食性杂，幼虫进入 5 龄后食量骤然增大，进入暴食期，可将树叶全部吃光。二是繁殖力强，每头成虫的产卵量在 500～800 粒，最高可达 2000 粒。每年发生二代，保守估计其数量要在前一年的基数上增加 800 倍。

防治技术：在美国白蛾幼虫 3 龄前，发现网幕用高枝剪将网幕连同小枝一起剪下。剪下的网幕必须立即集中烧毁或深埋，散落在地上的幼虫应立即杀死。利用诱虫灯在成虫羽化期诱杀成虫。诱虫灯应设在上一年美国白蛾发生比较严重、四周空旷的地块，可获得较理想的防治效果。在距灯中心点 50～100 米进行喷药毒杀灯诱成虫，可喷施 2.5％溴氰菊酯 2000～3000 倍液。

9. 玉米紫野螟

玉米紫野螟又称款冬螟，属鳞翅目、螟蛾科。越冬代危害不严重，一代幼虫于 7 月下旬严重危害，蛀食树莓茎秆，形成隧道，破坏树莓植株内水分、养分的输送，使茎秆倒折，折断上部枯死，结果株上果实损失。

防治技术：树莓田与周围玉米作物联防，人工摘除卵块。7 月下旬为一代产卵盛期，8 月中旬为二代产卵盛期。发现蛀洞时用棉花球蘸敌敌畏堵住洞口，有较好的防治效果。

10. 树莓穿孔蛾

树莓穿孔蛾多危害树莓，秋天作茧在基生枝基部越冬，展叶期爬上新梢，蛀入芽内，吃光嫩芽后，再钻入新梢，致使新梢死亡。成虫羽化后，傍晚在花内产卵，幼虫最初咬食浆果，不久转移至基部越冬。

防治技术：秋末采果后清园。早春展叶期喷 80％敌敌畏 1000 倍液或 2.5％溴氰菊酯 2000 倍液，杀死幼虫。

11. 苹果全爪螨

苹果全爪螨属蜱螨目、叶螨科。刺吸叶片汁液，造成叶片褪色、苍白，严重时使刚萌发的嫩芽枯死。一般不吐丝结网，只在营养条件差时雌成螨才吐丝下垂，借风扩大蔓延。辽宁一年发生六代左右。以滞育卵（冬卵）在枝条分杈等背阴面越冬。第二年 4～5 月卵孵化，孵化时间较集中，这是药剂防治关键适期。6～7 月是全年发生为害的高峰，世代重叠严重。8 月中下旬出现滞育卵，10 月上旬是压低越冬卵基数的防治适期。

防治技术：加强树体养护工作。及时清除枯枝落叶、杂草等。保护天敌如植绥螨、钝绥螨、草蛉、塔六点蓟马、花蝽等。为害期喷施 5％霸螨灵或 10％浏阳霉素 2000 倍液等杀螨剂，注意各种杀螨剂应交替使用，以减小螨类抗药性。

12. 蓟马类

蓟马类属缨翅目蓟马科，分布广泛，全国各地均有分布。在树莓果实成熟期危害较为严重。食性杂，喜食豆类、蔬菜等经济作物等。以成、若虫锉吸树莓成熟果实及嫩芽汁液，嫩芽被害部形成黄白色或灰白色长形斑纹，果实内部带虫，影响果实品质。一年发生代数随种类、发生区域不同而变化。成虫活泼，怕阳光，可借助风力扩散。进行两性生殖或孤雌生殖，卵产于叶组织内。初孵幼虫具有群居习性，稍大后即分散。2 龄若虫后期常转向地下，在表土中渡过 3～4 龄。温暖和较干旱的环境有利其发生危害坐果，高温高湿则不利，暴风雨后虫口显著下降。

防治方法：
① 注意田园清洁，清除杂草及枯枝落叶有助于减少虫源。
② 管理好肥水，尤应注意小水勤浇，防止土壤干旱，可减轻危害。
③ 保护利用天敌，发挥其控制害虫的作用。
④ 结合防治其他害虫，可用低毒药液喷雾防治。

五、树莓采收及采后处理

（一）采前保果和准备

树莓果实含水量大、糖分高、表皮薄脆，果皮容易碰伤，是容易腐烂的浆果。树莓的果实采收前需要采取一些措施来提高果实的品质和质量，延长货架寿命。这对提高商品生产经济效益是十分必要的。

1. 灌水

采用滴灌对果实品质提高效果优于喷灌。因为在滴灌期间果实不会被打湿，减少由于水分在果实上的长时间停留造成腐烂和病害；同时，喷灌使果实过分吸水易造成果皮薄脆，在储运期间易碰伤破裂，造成伤果烂果，直接降低商品品质。

2. 施肥

合理施用钙肥、磷肥和钾肥，氮肥水平不宜过高，可以延长果实的货架寿命。

3. 采前准备

盛装果实的容器需要依据果实采收目的准备，鲜食的果实应以每盒200～300克分装于小包装盒内。包装盒须有一定透气性，防止盒内湿热引发杂菌污染，透气孔不宜过大，防止果实香气吸引果蝇滋生。以每盒内叠放2层果实为宜，然后放入大箱中集中运送。

（二）采收时机

供应鲜食市场的树莓大多手工采摘，用于加工的果实则可机械采收。树莓的成熟时间不一致，所以同一栽植区必须不断采收，可能要每2～3天采收1次。种植者一定要在首批果实成熟之前打通市场渠道。采收之前不要触摸果实，只采收未受伤害、外观完好的果实，采后放入包装袋或容器中，不要直接暴露在阳光下。掌握合理的采摘时间很重要。对于批发的鲜食树莓，最佳采收时期应在果实第一次完全变红并向暗红色转变之前。在充分成熟之前比充分成熟或过熟后采摘的果实货架期要长得多。应培训采收人员从果实外观判断成熟程度和掌握适宜采收时期。某些果实不紧密的品种的收获时间要早些。风味不佳、果软或色暗的品种，不宜大量收获。测定表明，午夜果实最甜，早晨则最酸。果实香气挥发速度在下午最高，早晨最低。在夜间机械收获黑莓时，果实可更耐贮藏和更甜。

过熟的果实对霉病敏感，一旦感染霉菌就会作为病源继续传播，侵害其他正成熟的果实。过熟果实也吸引蚂蚁、黄蜂和其他害虫。因此，应及时摘除腐烂果实，并运出种植区销毁。从长远来看，将采摘工分成采摘腐烂果和优质果的两组作业可能更经济。这样不会因采摘人员的操作将真菌孢子传染给可销售的果实。

1. 采收成熟度的判定

树莓果实成熟的最显著特征是果实着色、软化、香气，不同品种变色及散发香味的时期有一定差别。充分成熟的浆果具有独特的香气和色泽，采收过早过晚都会影响产品的品质。适宜的采收时期为树莓果实表面由绿色逐渐变白，再由白变成红色至深红色，具有光泽；黑莓果实初时绿色转红色再成为红黑色至黑色或蓝黑色，表面光泽比红树莓更油亮。

2. 采收方法

① 分品种采收。树莓不同品种其采收期的长短有一定差异，为确保树莓果实质量，应分品种采收，分品种保存，分品种销售。一般采收期长达 20～30 天。

② 分批采收。树莓的浆果成熟期不一致，应分批采收。果实于 7 月中下旬开始成熟，延续 1 个多月时间。在第一次采收后的 7～8 天浆果大量成熟，以后每隔 1～2 天采收 1 次。

③ 最佳采收时期为果实第一次完全变红开始向暗红色转变时，此时即商品采收期。早晨有露水和雨天都不适宜采收，沾水的浆果容易破皮腐烂。

④ 按用途采收。树莓成熟的浆果果皮非常薄脆，很容易碰破，聚合果与花托易分离，供鲜食用的浆果必须带花托、果柄，充分成熟的前 2～3 天采收，可在冷库存放一周。加工用的浆果多不带花托和果柄采收。

⑤ 精细采收。人工采摘造成的浆果损伤是最主要的伤果原因，预采收期间，尽量避免田间作业。采摘时，只采收无伤果。采摘时必须轻摘、轻拿、轻放，依其大小整齐一致放在包装盒内，采下的果实要避免暴晒。

3. 果实保鲜

① 预冷措施。果实收获后的预冷处理是收获后和贮存前直接冷却的措施。一般来说，预冷是降低果实的温度，使水分的丢失、真菌生长和果实破裂缩小到最低程度。对树莓来说，冷却的速度是关键，最好是果实采摘后 1 小时内处理完冷却。每延迟 1 小时冷却，货架寿命缩短 1 天。种植规模大的种植者可以安装一个专门的预冷设备，如人可以进入的小冷库等。

② 预冷环境条件。预冷果贮存温度、相对湿度、二氧化碳和氧量水平是影响贮存期和果实质量的四大重要因素。贮存室本身保持 1.1 摄氏度，在此温度上下，鲜果不会结冰。研究表明，在 4.0 摄氏度条件下贮存比在 1.1 摄氏度温度下贮存可缩短其货架寿命 50%。

果实周围的空气应该湿润以防止缩水，在温度 19 摄氏度、相对湿度 30%

时，比在温度 0 摄氏度、相对湿度为 90% 的条件下果实丢失水分快 35 倍。某些低温干燥冷藏设备不适宜冷冻或者保存鲜食果品。所以树莓种植者应选择一种在 0 摄氏度时维持相对湿度 90%～95% 的冷贮设备。

研究表明，高水平二氧化碳含量（14%～20% 之间）可有效降低真菌生长和软果的呼吸比率。但是会造成树莓变褐和异味。相比之下，黑莓对高二氧化碳浓度耐受更高。

低氧含量（2%～3%，空气中相对湿度为 21%）0 摄氏度呼吸降低为 10%，而在 20 摄氏度呼吸降低为 35%。但低氧同样会造成果品异味。树莓果实极不耐贮运和保鲜，浆果完全成熟后，稍受挤压即破裂出汁。在常温条件下货架期也只有 1～2 天。因此，树莓果实保鲜是一个世界性难题，是制约产业发展的瓶颈问题。

③ 低温保鲜。刚刚采收下来的树莓果实尽快运到分类包装车间，将完好的浆果放入专用塑料盒中，每盒装 0.2～0.5 千克，两层鲜果。然后将装满果实的塑料盒再放入硬质的保鲜箱中，0～4 摄氏度低温冷库中保鲜。可延长保鲜 4～5 天。

④ 气调保鲜。将成熟的树莓鲜果采收后放入塑料袋中，每袋 0.5～1 千克，用配气装置向装有果实的塑料袋中进行气调。试验结果表明，气调 1%～3% 的氧气和 10%～15% 的二氧化碳后，放在 0 摄氏度下保鲜，可延长保鲜 10 天，可食率近 100%。

⑤ 防腐保鲜。树莓在贮藏期间，生霉腐烂影响贮藏效果，采用熏蒸防腐剂进行防腐保鲜，效果较好。即树莓果实采后用 0.5% 的卤化物或 0.5% 的硫化物作为防腐剂，可使保鲜期延长 10 天。注意防腐剂的使用要严格按照国家相关标准执行。

⑥ 速冻保鲜。鲜果可以速冻后出售，采摘后立即速冻果实最佳。选择没有伤病的鲜果，清除被污染和未充分成熟的果实及一些杂物，然后可进行轻度冲洗。也可进行适当分级，将果实个大，成熟度不足的选出来做鲜果销售，余者速冻作为加工原料。

冷冻前进行包装，以防冻结时水分流失，减轻冷冻设备结霜和果实的氧化变质，同时也便于搬动。适宜的包装材料是聚乙烯和聚丙烯薄膜袋或盒子，每袋或盒内 0.5 千克，最多为 1 千克/袋（盒），包装后贮存在零下 18 摄氏度左右的低温环境，可保存 14 个月。

4. 鲜果运输

树莓果实从收获到消费者的餐桌上的时间，估计要损失 40%。其中从种植者到批发商损耗 14％，从批发商到零售商损耗 6％，而从零售商到消费者又损失 20％。这么多的损失几乎都是由于粗放的操作和收获后果实冷藏不当造成的。

从田间到柜台应尽量减少损失。在运输中每一步都应使鲜果冷却和覆盖，特别注意绝不能把果实放在没有冷藏设备的装卸码头。置于运输车上的果实专用箱放置时应离开一点距离。因为在集装箱上必须使空气在各个方向上下左右流通。如果专用箱接触地板或边壁，果箱内温度可以上升。

（1）长途运销的冷链运输技术

为了把优质果实运到城市销售，普遍采用低温保鲜办法。一般来说，长途运输的工具最好是冷藏车，但在农村基层常常缺乏这种设备。产区常应用冰块冷却运输，所需设备和材料主要包括预冷冷库、白色泡沫塑料箱、薄膜包装袋、冰块以及隔热保温材料等。操作程序如下所述。

① 选果，选择九成熟、发育良好、果形完整、无霉烂、无损伤的果实。

② 预冷，将经过挑选的果实立即送进冷库或小型预冷库进行冷激，使温度降至 0～2 摄氏度。

③ 装箱，先在泡沫箱底部中央放上薄膜包扎的定型冰块，再在其上放置包裹树莓果实的盒，在对顶部树莓喷洒保鲜剂后，盖好泡沫箱盖。箱内果盒要挤紧，以免运输途中果实在箱内移动和碰撞，造成损伤。最后，用胶带纸封好缝口，固定好箱盖。

④ 运输，装箱后应立即装车起运。果箱装车要堆实、固定，不使其移动。堆装好后，再包以泡沫塑料板或其他隔热保温材料。

在进行树莓冷藏长途运输的操作中，还要注意以下几个要点。

第一，根据运输距离合理放置降温冰块。运输距离远，则冰块应多些。如冰块数量太少，则冰块融化后，果实温度上升，保鲜期缩短。运输距离较短，则冰块可少放些，以降低运输成本。

第二，装车发运的果实必须预冷。在许多地方还没有冷库设备，果实未经预冷就装箱发车，进行长途运输，由于果温过高和采后呼吸放热的影响，往往在运输途中发生腐烂。

第三，为了满足市场对小包装果品的需求，许多地方选用塑料硬盒小包装，每盒装果 0.5 千克，两层鲜果，每箱装 10～20 盒，内装薄膜包裹的冰块，进行长途运输。

（2）适合长途运销的气调保鲜技术

树莓在鲜果贮藏期间呼吸强度很高，果实中的超氧化物歧化酶活性下降，

释放出大量乙烯气体，乙烯是一种植物激素，会促使果实衰老和腐烂。而气调
保鲜技术的原理是：通过改变树莓贮藏环境中的气体成分，同时降低贮藏果实
的温度，从而降低树莓果实的呼吸强度，稀释有害气体，达到延缓果实衰老、
延长果实贮藏保鲜期的目的。

通过抽氧充氮低温保鲜，保鲜期比低温保鲜延长 2 倍。具体做法是：选
果、预冷、装车和运输，与低温保鲜运输操作相同，唯有在果实装箱时，选用
专用气调保鲜袋装果，在装到接近箱口时，在顶部喷保鲜剂，然后对袋内果实
进行抽气，达到袋呈干瘪状态时，再充入氮气。经过数次抽气与充气，使袋中
氮气与氧气达到适当比例后，立即密封袋口。盖好箱盖，用胶带纸密封箱盖与
箱体间的缝隙，摆放整齐后即可装车运输。

5. 树莓的深加工

（1）树莓冻干果

针对树莓不耐储存的特点，把树莓鲜果经过零下 100 摄氏度漂浮冷冻得到
冻干果，不仅耐储存，营养不流失，口感佳，市场价格也翻了几倍，每千克在
100 元左右。冻干果不同于冷冻果，冻干果不仅可以作果汁、果酱的原料，还
可以直接食用，或者泡水、泡酒都可以，深受市场的欢迎。

（2）树莓果酱

将新鲜树莓或解冻树莓筛去树莓中杂质后放至室温，用打浆机将果实打浆
至浆体细腻无结块后开始熬煮浓缩，当果酱开始熬煮浓缩时，电磁炉温度保持
在 90～100 摄氏度，防止高温导致果酱发生焦煳现象。浓缩过程中依次加入白
砂糖和适量增稠剂及柠檬酸，并不断搅拌以免局部温度过高发生焦糖化反应。
增稠剂应分次加入以避免果酱发生结块，且有利于增稠剂溶解。然后进行装
罐，先将玻璃瓶及瓶盖洗干净，再用沸水煮沸 30 分钟杀菌后放入烘箱烘干，
将酱体出锅后趁热装罐并封口，此时酱体温度应保持在 80 摄氏度以上，而后
贴好标签置于通风、阴凉处自然冷却即可。

（3）树莓果脯

选择七八成熟、大小均匀、无病虫烂伤新鲜树莓果实，用清水洗干净备
用。放入 0.6%～0.8%氯化钙溶液中浸泡 6～8 小时，捞出后用清水冲洗，除
去果实表面多余的护色硬化液体，沥干水分备用。

取经上述处理的莓果 5 千克，糖 5 千克，先将 1.5 千克糖加入 3.5 千克
水，配成浓度为 30%糖液，用双层纱布过滤后放入双层锅内加温至 70～80 摄
氏度，再把 5 千克处理好备用的树莓果倒入锅内，慢火煮沸，当温度达到

80～90 摄氏度时，保温 30 分钟。煮制的过程中将剩余的糖分成 4 份，当果实表面出现细小裂纹时开始第一次加糖，然后继续煮制并不断翻动树莓果，把分好的糖每间隔 10～15 分钟加入锅内一份，再把 0.1％明胶和 0.1％山梨酸钾加入锅中，以增加果脯的色泽并防止果脯贮藏期变质，同时不断翻动使糖均匀渗透以免煳锅，煮至果实表面透明澄清，然后从双层锅中取出树莓果，倒入缸中，继续用糖液浸泡 24 小时。

将上述半成品滤去多余的糖液，平摊在烘干盘中，放入烘箱烘干，先于 70～80 摄氏度条件下烘干 10 小时左右，取出回软整形后，再于 55～60 摄氏度条件下烘干 10 小时左右，当水分达到 16％～18％时即可取出。待烘干的树莓果冷却至常温，进行整形包装，再用真空包装机封口，检验合格后打上日期即可装车入库。

（4）树莓果汁

选择新鲜的、成熟度较高、出汁率高的树莓为原料，拣出带病虫害、腐烂的树莓果，用清水冲洗 3～5 分钟，也可用清洗剂浸泡 1～2 分钟，再用清水冲洗。为提高出汁率及酶处理的效果，最好用温水冲洗。为提高出汁率，一般需要在榨汁前破碎树莓，制得树莓果酱，再向果酱中加入果胶酶，以提高出汁率。酶作用的最佳温度为 38～40 摄氏度，需要进行保温处理，酶作用的时间为 1～2 小时，果胶酶的用量为果汁重量的 0.5‰。向浆液中加入占浆液 5％、经过清洗消毒的棉籽壳作为助滤剂以提高出汁率，再将浆液灌入榨汁机进行初榨及初滤。在此期间，果胶酶能降低果汁黏度，加快过滤速度并使果汁中的许多胶体和悬浮物质凝结和沉淀。

用蔗糖调整滤汁含糖量至 11％～13％后进行杀菌，杀菌采用超高温瞬时杀菌：121 摄氏度 10 秒，或采用巴氏杀菌：76.6～82.2 摄氏度，20～30 分钟亦可。灭菌后迅速装瓶密封冷却，即可入库。

（5）树莓果冻

将温水浸泡后的明胶和果胶一起倒入铝锅中以 70 摄氏度加热溶解，除去杂质及可能存在的胶粒。将过滤后的树莓果汁倒入铝锅中继续加热搅拌，调整明胶占果汁总量的 15％，果胶占 10％。加入白砂糖调整含糖量为 11％～13％后停止加热。将制备好的树莓汁灌装入果冻杯中并及时密封。将灌装品在常压下放入 90 摄氏度热水中杀菌 5 分钟，杀菌后迅速取出放入冰箱冷却至室温，以便能最大限度地保持食品的色泽和风味。

（6）树莓饼干

首先将黄油隔水软化，用搅拌机打至微微发白，加入白砂糖和鸡蛋及适量温水混合搅打均匀，再加入树莓汁混匀备用。

　　将过筛的低筋粉和小苏打与上述辅料低速搅打混合均匀，最后加入切成小块的树莓干，将面团放入冰箱冷藏发酵 15 分钟，形成具有一定韧性和良好塑性的饼干面团。将面团反复辊轧成 3～4 毫米厚的面片，用花形模具压出饼干形状，将多余的边角料除去，放入烤盘中置入烤箱。

　　烤箱提前预热 10 分钟，调整烤箱上火、下火温度均为 180 摄氏度，烘烤时间 25 分钟，至表面呈现金黄色，取出烤盘，自然冷却即可食用。

附录1 寒地草莓（塑料大棚）栽培周年农事历

时间	农事活动	技术要点
4月上中旬	防寒解除	棚内气温稳定在0摄氏度以上时,解除防寒物,操作过程中避免踩踏垄面
	滴灌管检修	破损及堵塞的滴灌管及时修补或更换,确保滴灌管出水均匀
	灌水	及时浇灌返青水,时间以晴天上午为宜
4月下旬	植株管理	剪掉匍匐茎,劈掉坏死叶、水平叶
	杀菌	通过烟剂或喷施杀菌剂对秧苗及棚室进行杀菌消毒
	地膜覆盖	铺设黑色地膜,覆膜结束放苗时注意减少秧苗损伤,膜口不宜太大,膜边缘固定结实,防止风鼓膜
5月上中旬	保温增温	棚室内温度白天控制在20~25摄氏度,晚上控制在6~8摄氏度
	追肥	每亩冲施高钙钾肥8~10千克,连续冲施2次,间隔7~10天
	植株管理	及时掐掉匍匐茎
	育苗圃准备	苗圃选择3年内未栽培过草莓的地块,育苗圃每亩施充分腐熟农家肥5000~10000千克,每亩施高钙肥料50~70千克、三元复合肥60~80千克
	种苗定植	母株选用脱毒苗,根据秋季栽培秧苗用量,确定母苗用量,繁殖系数按1∶(20~30)计算;株距50~80厘米。行距1.4~2米
5月下旬	水肥管理	冲施高钾复合肥1~2次,每亩每次用量6~8千克;土壤湿度保持在80%~85%,以手轻握土壤能成团,落地后能散团为宜
	植株管理	及时掐掉匍匐茎,剪掉抽生的三四级花序
	育苗圃管理	通过滴灌每亩冲施高氮复合肥15~20千克
6月上中旬	水肥管理	减少水分供给,相对含水量保持在75%~80%,条件允许可补充二氧化碳气体肥料
	环境调控	加强通风,加强授粉并降低空气湿度,减少侵染性病害的发生;棚内白天温度不宜高于28摄氏度
	植株管理	剪掉匍匐茎、劈掉老叶,展开的功能叶片维持在5~6片为宜,果实七成熟时即可采收
	育苗圃管理	避免田间发生干旱或积水,对抽生的匍匐茎及时进行理蔓,确保匍匐茎分布均匀,并及时进行压苗促发新根,加强田间除草
7月	水肥管理	土壤湿度控制在75%左右,根据秋苗长势和果实发育状况每亩可冲施高钙钾肥15~20千克(分2次、间隔7~10天)
	环境管理	加强通风,降温排湿,加强授粉
	植株管理	剪掉匍匐茎、劈掉老叶、剪掉三四级花序,展开的功能叶片维持在5~6片为宜,果实七成熟时即可采收
	育苗圃管理	加强水肥管理,冲施高氮三元复合肥2~3次,每次10~15千克;理蔓,压苗促发新根,加强炭疽病、蛇眼病、白粉病等病害的防治

时间	农事活动	技术要点
8月	田间管理	清园、灭菌消毒、施有机肥、旋耕、高温闷棚
	育苗圃管理	停止氮肥施用,增施磷钾肥1~2次,每次约10千克,降低苗圃土壤湿度,保持在75%~80%为宜,以促进花芽分化,对新抽生的匍匐茎苗及时剪断
9月上中旬	栽培田	做移栽前施肥、起垄准备,边起苗边移栽
	育苗圃管理	持续控水控氮,并根据定植时间确定起苗时间
9月下旬	水肥及秧苗管理	加强水肥管理,促进缓苗,及时更换弱苗、死苗
	中耕	缓苗结束后,轻中耕,提高土壤透气性,加速新根生发;剪掉新抽生的匍匐茎,劈掉老叶,促发分蘖
10月	田间管理	冲施一次高钾复合肥,每亩用量10千克,及时除草
11月上中旬	田间管理	气温稳定在0摄氏度以前灌足封冻水,覆盖防寒物

附录 2 寒地蓝莓栽培周年农事历

时间	农事活动	技术要点
4月下旬	撤防寒土	当花芽开始萌动时要及时撤防寒土,撤土要彻底。并将蓝莓植株扶正。垄面耙平整
	修剪	疏除衰老枝、细弱枝、病虫枝及根蘖,树姿开张品种疏枝时去弱留强,直立品种去中心干开天窗
	灌水	及时浇灌返青水
5月上中旬	地面覆盖	覆盖松针、锯末等有机物,或者覆盖防草布,防止杂草滋生
	施肥	以沟施为主,施用有机肥和硫酸钾复合肥
	灌水	根据土壤 pH 值情况灌一次酸水
	除草	人工除草
5月下旬	追肥	喷施叶面肥,以氨基酸叶面肥或微量元素叶面肥为主
	浇水	开花期适当增加水分的供应
	除草	人工除草为主
	疏花疏果	疏花疏果,保证果实的品质
	病虫害防治	根据病虫害的发生情况,喷吡虫啉等防治蚜虫,代森锰锌可湿性粉剂1000 倍液防治灰霉病等病害
6月上旬	第二次追肥	结果前期,再追施一次氨基酸类和磷酸二氢钾叶面肥
	浇水	果实膨大期适当地增加水分的供应,果实转色期适当地控水
	除草	人工除草为主
6月中下旬	浇水	果实采收期要控水,不干不浇,防止水分忽高忽低部分品种产生裂果现象,以及使果实霉烂
	采收	棚室栽培的果实成熟,陆地栽培的早熟品种也陆续成熟,一般转色7天以后就可以进行采摘。成熟期一致的可集中采收
	防鸟害	利用防鸟网或驱鸟设施,预防鸟害的发生
7月	采收	陆地栽培的品种成熟后分批采收,每隔 7 天要采收一次
	除草	人工除草为主
	浇水	果实采收期要适当控水
8月	采后修剪	轻剪枝,以疏枝为主,剪去细弱枝、病虫枝以及过密枝
	施肥	喷施磷酸二氢钾叶面肥,加强营养,促进枝条成熟
	病虫害防治	喷施多菌灵可湿性粉剂防叶斑病,吡虫啉等杀虫剂防治蚜虫
	灌水	适当地灌一次大水,最好再灌一次酸水

续表

时间	农事活动	技术要点
9月	除草	人工除草为主
	施肥	施有机肥,沟施为主
	浇水	适当控制浇水次数,促进进入休眠期
10月至 11月中旬	果园清扫	清除杂草、病枝、病叶等
	灌水	防寒前灌一次封冻水
	防寒	土壤封冻前埋土防寒

附录 3 寒地树莓栽培周年农事历

时间	农事活动	技术要点
4 月中下旬	撒防寒土	栽种后在树莓根区松散盖严
	定植（第一年）	定植坑的深度和直径均为 40 厘米左右，行距 2.5 米左右、株距 0.75～1 米
	搭架	T 形或 V 形支架
	引缚（第二年以后）	建议采用扇形引缚法或篱架引缚法
	灌水（第二年以后）	在土壤解冻后树体开始萌动时灌返青水
	第一次修剪	将二年生枝顶端干枯的部分剪除，同时从基部疏去干枯、破伤及有病虫害的枝条
5 月上中旬	第二次修剪	把距离地面 30 厘米以下的部分侧枝的叶剪掉
	施氮肥	每亩 13～15 千克尿素
	灌水（第二年以后）	在花芽形成时灌开花水
6 月中下旬	灌水（第二年以后）	果实迅速膨大时灌溉丰收水
7 月中下旬	采收	采收期延续 1 个多月，最佳采收时期为果实第一次完全变红开始向暗红色转变时，采摘时必须轻摘、轻拿、轻放
	第三次修剪	初次采收之后，二年生枝结果之后枝条干枯，将它们从基部剪除
9 月下旬	施磷肥、钾肥	根据土壤性质调整用量
10 月下旬	埋土	对树莓当年生茎埋土防寒，必要时可加盖防寒草垫
11 月上旬	灌水	落叶之后，在越冬埋土防寒之前灌封冻水以提高树体越冬能力

参考文献

[1] 张雯丽. 中国草莓产业发展现状与前景思考[J]. 农业展望, 2012 (2): 30-33.

[2] 周晏起, 卜庆雁. 草莓优质高效生产技术[M]. 北京: 化学工业出版社, 2012.

[3] 谷军, 雷家军. 草莓栽培实用技术[M]. 沈阳: 辽宁大学出版社, 2005.

[4] 李公存, 王建萍, 等. 无公害农产品草莓生产技术操作规程[S]. 烟台市市场监督管理局, 2020.

[5] 孙淑静, 唐晓珍, 傅茂润, 等. 草莓的贮藏方法与加工技术[J]. 中国果菜, 2003 (2): 25-26.

[6] 蒋善明. 大棚草莓高产栽培技术[J]. 宁波农业科技, 1999 (3): 15-16.

[7] 何兴武, 卞军. 无公害草莓生产操作技术[J]. 安徽农学通报 (下半月刊), 2010 (2): 117-118.

[8] 华小平, 孔凡标. 露地草莓无公害标准化栽培技术要点[J]. 中国果菜, 2008 (6): 21.

[9] 彭士民, 王兆成, 王成明, 等. 大棚草莓丰产栽培技术[J]. 农技服务, 2009 (4): 129-130.

[10] 焦定双. 大棚草莓栽培技术[J]. 江西农业科技, 1998 (1): 26-27.

[11] 沙春艳. 北方温室草莓病害的发生与防治技术[J]. 黑龙江农业科学, 2012 (3): 159-160.

[12] [日]荻原勋. 图说草莓整型修剪与12月栽培管理[M]. 北京: 中国农业出版社, 2020.

[13] 张彩玲, 朱延明, 曹天旭. 蓝莓"美登"组培快繁及瓶外生根技术的研究[J]. 特产研究, 2012, 34 (1), 40-43.

[14] 董丽华. 遮荫对越橘生长结果的影响及其生理机制[D]. 长春: 吉林农业大学, 2006.

[15] 张彩玲, 朱延明. 矮丛蓝莓再生体系的建立[J]. 农业科技通讯, 2011 (9): 78-82.

[16] 李亚东, 刘海广, 唐雪东. 蓝莓栽培图解手册[M]. 北京: 中国农业出版社, 2015.

[17] 郑炳松, 张启香, 程龙军. 蓝莓栽培实用技术[M]. 杭州: 浙江大学出版社, 2014.

[18] 张含生. 寒地蓝莓栽培实用技术[M]. 北京: 化学工业出版社, 2015.

[19] 郝瑞. 长白山区笃斯越桔的调查研究[J]. 园艺学报, 1979 (2): 87-93.

[20] 郝瑞. 越橘及其栽培[J]. 中国果树, 1987 (1): 35-37.

[21] 胡雅馨, 李京, 惠伯棣. 蓝莓果实中主要营养及花青素成分的研究[J]. 食品科学, 2006 (10): 600-603.

[22] C K Chandler, A D Draper. Effect on Zeatin and Zip on Shoot Proliferation of Three Highbush Blueberry Clones in vitro[J]. Hortscience, 1986 (21): 1065-1066

[23] EckP. Blueberry Science [M]. New brunswick NJ. Rutgers University Perss. 1988. 43-50.

[24] Elisa C, Lucia L. Oriana S. Auxin synthesis-encoding transgene enhances grape fecundity[J]. Plant Physiol, 2007, 143 (4): 1689-1694

[25] 李锋. 树莓栽培技术[M]. 长春: 吉林科学出版社, 2007.

[26] 孙兰英, 刘金江, 王守军. 树莓栽培技术百例问答[M]. 哈尔滨: 东北林业大学出版社, 2011.

[27] 张英臣, 李佩英, 张欣. 北方小浆果栽培技术[M]. 哈尔滨: 东北林业大学出版社, 1998.

[28] 陈美霞，丁雪珍，张彩玲，等．植物组织培养[M]．武汉：华中科技大学出版社，2017.

[29] 张志敏．不同树莓品系果实特性评价及采后两种处理方法对果实特性的影响[D]．咸阳：西北农林科技大学，2013.

[30] 胡姝．出口树莓果园主要病虫害发生危害特点及安全防控措施[J]．植物检疫，2021，35（3）：22-23.

[31] 王柏茗．红树莓产业发展概况[J]．现代园艺，2021（8）：22-23.

[32] 王柏茗．两个红树莓品种在天津地区引种及生长适应性研究[D]．天津：天津农学院，2021.

[33] 魏鑫．辽宁省树莓产业发展现状分析[J]．北方果树，2021（3）：48-49.

[34] 王浩佳．树莓的引种及繁殖栽培技术[J]．农业与技术，2021.41,（9）：122-124.

[35] 杨海花．树莓开发利用及建园技术[J]．山西林业，2021（3）：36-37.

[36] 王禹．树莓组织培养育苗技术[J]．中国林副特产，2021（1）：43-44.

[37] 赵慧芳．黑莓、树莓露酒加工工艺研究[J]．酿酒科技，2015（11）：94-101.

[38] 师聪．树莓饼干加工工艺研究[J]．粮食与油脂，2019，32（9）：52-56.

[39] 范雯谡．树莓果冻加工工艺研究[J]．食品科技，2012，37（12）：78-82.